"十四五"职业教育国家规划教材

C#程序设计案例教程

（第3版）

主　编　杜少杰　李　新
副主编　丁　冉　焦树锋
参　编　姜　华　郭传雷
主　审　石　忠

北京理工大学出版社
BEIJING INSTITUTE OF TECHNOLOGY PRESS

内 容 简 介

本书共有 8 章，第 1 章可视化编程初体验，讲述 Visual Studio 2022 可视化开发环境、Form 窗体、TextBox 控件等的用法，并通过界面的美化讲解控件的常用属性；第 2 章数据类型与运算符，讲述程序中不同的数据类型、数据类型在使用中常见的故障，以及故障的调试；第 3 章编写分支结构的程序，介绍 if 语句、switch 语句；第 4 章编写循环结构的程序，介绍 do…while 循环和 for 循环；第 5 章程序中的数组，介绍程序中一维数组、多维数组的用法；第 6 章方法，通过对前面"计算器"的完善，介绍方法的定义与调用、参数传递；第 7 章程序中的控件，介绍了用户界面中常用的控件；第 8 章 Windows 窗体应用程序开发实例，以"学生选保系统"为例，体验 Windows 窗体类型的应用程序的开发过程。

本书适合作为计算机专业的教材使用，也可作为相关从业人员的参考用书。

版权专有　侵权必究

图书在版编目（CIP）数据

C#程序设计案例教程 / 杜少杰，李新主编. -- 3 版
. -- 北京：北京理工大学出版社，2019.11（2024.6重印）
　ISBN 978-7-5682-7847-8

Ⅰ. ①C…　Ⅱ. ①杜…　②李…　Ⅲ. ①C 语言-程序设计-高等职业教育-教材　Ⅳ. ①TP312.8

中国版本图书馆 CIP 数据核字（2019）第 243481 号

责任编辑：王玲玲　　**文案编辑**：王玲玲
责任校对：周瑞红　　**责任印制**：施胜娟

出版发行 / 北京理工大学出版社有限责任公司
社　　址 / 北京市丰台区四合庄路 6 号
邮　　编 / 100070
电　　话 /（010）68914026（教材售后服务热线）
　　　　　　（010）68944437（课件资源服务热线）
网　　址 / http://www.bitpress.com.cn

版 印 次 / 2024 年 6 月第 3 版第 8 次印刷
印　　刷 / 三河市华骏印务包装有限公司
开　　本 / 787 mm × 1092 mm　1/16
印　　张 / 14.5
字　　数 / 318 千字
定　　价 / 43.80 元

图书出现印装质量问题，请拨打售后服务热线，负责调换

前　　言

为什么要编写本书

作为人类向计算机发出命令的媒介，程序设计语言与我们人类所使用的自然语言有很大的不同，每种语言都有繁杂、抽象的语法规则，学习这些语法规则的过程通常是枯燥无味的。教学中需要的是这样的教材：

既能将抽象的编程理论知识融合到实用、有趣的程序片段中，充分激发学生的学习兴趣，同时，又能符合由点到面、循序渐进的学习规律；使初学者在一种相对愉悦的过程中掌握抽象的理论知识，并能够在实际中应用。本着这样良好的心愿，我们编写了本书。

本书特点

通过努力，我们力争在以下方面有所改进。

（1）带着趣味学习：兴趣是最好的老师，为了激发学生学习编程的兴趣，用有趣的游戏或者在日常使用电脑过程中经常遇到的某一现象作为抽象理论的载体。比如，学习数据类型时以简单的计算器作为例子，学习控件属性时以界面美化作为例子。

（2）循序渐进地学习：循序渐进地学习就是符合学习规律的学习。在本书中，循序渐进地学习主要体现在三个方面：首先从现象入手，对某一学习任务要实现的功能进行分析，给出详细的实现步骤；其次，在学习完知识理论后，让学生模仿任务实现的方法，扩展任务的功能，有目的地仿写程序；最后，给出一些能够用所学理论知识解决的实际问题，要求学生自己独立完成，实现知识的学以致用。

（3）在错误中学习：程序的调试能力是程序员很重要的基本能力，如何培养学生的程序调试能力是程序设计教学中的难点。本书改变了以往纯粹讲解调试菜单、调试工具的传统方式，通过在学习任务中设置错误，并通过解决错误的过程来达到培养调试能力的目的。比如，在学习数据类型转换时，以计算圆的面积为例，给出了多种不同类型的半径，对产生错误的半径形式，分析故障信息，并逐步修改实现功能。

（4）理论与实践双向融合：本书在体例上与其他同类图书有很大不同，增加了"边做边想"和"边学边做"栏目。在按步骤完成任务的操作过程中，右侧的"边做边想"栏目会即时提醒学习者观察、记录该操作产生的结果，思考其原因，为后续的理论学习做铺垫。在理论讲解过程中，右侧的"边学边做"栏目以操作实例的形式，指导学习者去实践该理论知识所产生的现象，并进行记录。这种在实践中观察思考、在讲解中实践体验的做法，实现了从现象到本质、从理论到实践的双向融合。这种独特的方式非常适合对计算机类操作知识的学习，会使学习事半功倍。

意见反馈

在本书的编写过程中，虽然经过认真的审读和校验，但仍不敢保证书中没有任何疏漏和不妥之处。聪明的读者，如果您发现了问题，请一定告诉我们。联系方式：ducare@126.com，期待您的来信。

编　者

目录 CONTENTS

第 1 章　可视化编程初体验 / 1

　　任务 1-1　安装 Visual Studio 2022 / 1

　　任务 1-2　创建空白界面的 Windows 应用程序 / 4

　　任务 1-3　编写欢迎程序 / 15

　　任务 1-4　设计用户登录界面 / 23

　　任务 1-5　美化登录界面 / 34

第 2 章　数据类型与运算符 / 42

　　任务 2-1　设计整数计算器 / 42

　　任务 2-2　计算圆的面积 / 55

　　任务 2-3　程序错误排查 / 59

第 3 章　编写分支结构的程序 / 68

　　任务 3-1　判断分数是否及格 / 68

　　任务 3-2　判断成绩的等级 / 74

第 4 章　编写循环结构的程序 / 88

　　任务 4-1　求 1 至某个正整数的和 / 88

　　任务 4-2　提取整数中各位对应的数字 / 99

第 5 章　程序中的数组 / 109

　　任务 5-1　单科成绩分析 / 109

　　任务 5-2　多科成绩分析 / 125

第 6 章　方法 / 141

　　任务 6-1　整数四则运算计算器 / 141

　　任务 6-2　交换两个数 / 149

第7章　程序中的控件 / 159

　　任务 7-1　用户注册 / 159

　　任务 7-2　图片播放器 / 176

　　任务 7-3　简易记事本 / 185

　　任务 7-4　制作学生管理系统主窗体 / 202

第8章　Windows 窗体应用程序开发实例 / 213

参考文献 / 224

第 1 章　可视化编程初体验

能力目标
- ✓ 能够安装 Visual Studio 2022
- ✓ 能够开发诸如用户登录等简单的 Windows 应用程序
- ✓ 能够使用简单的常用控件，Label 控件、TextBox 控件、Button 控件
- ✓ 能够对控件的共有属性进行设置，例如 BackColor、ForeColor 等

知识目标
- ✓ 掌握 C#代码结构
- ✓ 掌握对象的属性、事件和方法
- ✓ 了解控件的共有属性

素质目标
- ✓ 熟悉 Visual Studio 2022 安装需求
- ✓ 能够通过网络技术社区解决问题
- ✓ 具有协作意识

任务 1-1　安装 Visual Studio 2022

前期准备：环境需求与安装文件获取

1. 环境需求

Visual Studio 2022 对计算机软硬件环境有一定要求。比如 1.8 GHz 的 CPU、2 GB 以上内存、20 GB 以上硬盘等硬件条件，目前的个人电脑和办公电脑基本可以达到这样的要求，也就是说，在日常使用的电脑上都可以正常安装、使用 Visual Studio 2022 开发环境，因此硬件需求不需要特殊指明。从软件上来看，应使用 Win7 以上版本的操作系统。

2. 安装文件获取

从官方网站 https://visualstudio.microsoft.com/zh-hans/downloads/下载 Visual Studio 2022 社区版。

安装过程

下面在 Win7 操作系统上安装 Visual Studio 2022 开发环境。找到下载的文件 VisualStudioSetup.exe，双击，开始

边做边想

① 你的操作系统是什么？

安装。①

（1）首先弹出"Visual Studio Installer"安装程序对话框，如图1-1所示，在阅读Microsoft软件许可条款后，单击"继续"按钮进行安装。

如何获得安装文件？
_____
_____
_____

图1-1 "Visual Studio Installer"安装程序对话框

（2）安装程序自动加载安装组件，如图1-2所示，加载结束后自动进入下一步。

图1-2 加载安装组件

（3）安装程序将为计算机安装所需的组件和Visual Studio 2022，如图1-3所示，对话框中有4个选项卡："工作负载""单个组件""语言包"和"安装位置"，默认显示"工作负载"选项卡。"工作负载"选项卡中可以根据业务的类型选择需要安装的组件，也可以根据需要手工选择组件，在此对话框中也可以选择安装的位置。

图1-3所示的"工作负载"选项中共包括7种业务类型：ASP.NET和Web开发、Python开发、.NET桌面开发、通用Windows平台开发、Azure开发、Node.js开发、使用C++的桌面开发。选择了业务类型后，右侧的"安装详细信息"栏中会自动选中安装的组件，也可以手动修改。此处选择".NET桌面开发"业务类型。

在"位置"栏显示了安装位置。默认的安装位置是"C:\Program Files (x86)\Microsoft Visual Studio\2022\Community",可以单击"更改"按钮选取其他的路径或者手动修改。

图 1-3　选择安装的功能和安装位置

当选择了所需安装的功能和安装位置时,在界面的右下部分显示了该硬盘的空间状况,此时应注意查看一下选定的安装位置是否有足够的空间。单击"安装"按钮进行安装。②③

(4)安装界面如图 1-4 所示,安装所需时间会根据用户当前系统环境的不同而略有不同,大约 20 分钟。

图 1-4　安装界面

(5)安装完成后,会打开一个对话框,提示用户安装完成,如图 1-5 所示。④

边做边想

②安装完所有功能时,需要多少硬盘空间?

③你的 Visual Studio 2022 安装在什么位置?

④安装过程中遇到了哪些问题?是如何解决的?

图 1-5　安装完成界面

相关知识：Visual Studio

　　Visual Studio 是基于.NET 框架的应用程序开发工具。"Visual"是指"可视化编程"，所谓可视化编程，是一种直观的程序设计方法。应用这种方法，开发人员不需要编写大量代码去描述界面元素的外观和位置，而只需利用编程工具提供的特定界面元素的样本来创建对象，然后通过不同的方法编写一些容易理解的事件处理程序，就可以完成应用程序的设计。应用可视化编程可以大大提高应用程序的开发效率。"Studio"是指提供了一个统一的集成开发环境，将 C#、C++、VB、JScript 等多种开发语言集成在一起，使用同一个基础类库，简化应用程序的开发过程。

　　在上面的任务中，安装了 Visual Studio 2022，2022 是软件的版本号。Visual Studio 共有 3 个版本，Visual Studio Community（社区版）、Visual Studio Professional（专业版）、Visual Studio Enterprise（企业版）。我们使用的是面向学生和开发者的免费社区版。

关键术语

　　.NET 框架：.NET Framework

　　可视化编程：Visual Programming

任务 1-2　创建空白界面的 Windows 应用程序

任务分析

　　在 Visual Studio 2022 开发环境中创建一个最简单的、只有一个空白界面的 Windows 程序，体会程序创建的步骤，熟悉 Visual Studio 2022 集成开发环境。

任务实现

（1）启动 Visual Studio 2022。单击"开始"→"所有程序"→"Microsoft Visual Studio 2022"→ Visual Studio 2022 命令，打开如图 1-6 所示的起始页对话框。

图 1-6 起始页对话框

> 提示：安装后第一次启动 Visual Studio 2022 时，出现初始配置页面。选择"Visual C# 开发设置"，这样系统会自动配置一个优化的开发环境，使 C#应用程序的创建和命令的访问更加容易。以后可以在 IDE 开发环境中使用"工具"→"导入和导出设置"→"重置所有设置"进行修改。

（2）新建项目。在起始页的"开始使用"栏中，选择"创建新项目"，打开如图 1-7 所示"创建新项目"对话框。

图 1-7 "创建新项目"对话框

（3）"创建新项目"对话框中列出了 Visual Studio 可以创建的主要的项目类型（主要由安装过程中业务流程选择决定的）。此处选择"Windows 窗体应用程序"，也就是传统的窗口应用程序，进入如图 1-8 所示的"配置新项目"对话框。

图 1-8 "配置新项目"对话框

（4）"配置新项目"对话框包含四个组成部分：

● "项目名称"框：给项目起名，系统默认给出的名称为"WindowsFormsApplication1"，此处修改为"Task1-2"。①

● "位置"框：项目在硬盘上的保存位置，默认为"C:\Users\Administrator\source\repos"，该文件夹是在安装完 Visual Studio 2022 后自动创建的，此处通过单击后面的"…"按钮将保存位置修改为"E:\C#学习"（建议大家创建自己的文件夹来保存练习项目）。②

● "解决方案名称"框：项目所属的解决方案，默认与项目名称相同，也可以单独设置，此处采用"Chapter1"。单击"创建"，进入 Visual Studio 2022 的 Windows 窗体应用程序 IDE 环境，如图 1-9 所示。③

● "框架"框：Visual Studio 2022 默认的框架是 .NET Framework 4.7.2。Microsoft .NET Framework 是用于 Windows 的新托管代码编程模型。它将强大的功能与新技术结合起来，用于构建具有视觉上引人注目的用户体验的应用程序，实现跨技术边界的无缝通信，并且能支持各种业务流程。

边做边想

① 你的项目的名字是什么？
_____
_____
_____

② 你的项目保存在什么位置？
_____
_____
_____

③ 你的解决方案是什么名称？
_____
_____
_____

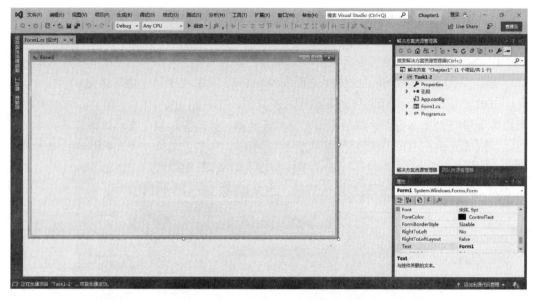

图 1-9　Visual Studio 2022 中 Windows 窗体应用程序 IDE 环境

（5）此时建立了一个只有一个空白界面的 Windows 应用程序，也就是 Visual Studio 2022 开发环境提供的一个默认的、最简单的应用程序模式，只包含一个空白界面，该界面的名称为系统默认的"Form1"，没有添加任何内容。此时按 F5 键，运行该程序，显示一个空白界面，如图 1-10 所示。单击界面右上角的 ⊠ 按钮关闭。④⑤

边做边想

④ 运行程序用的是 F5 键，观察一下界面上的各菜单，还有没有其他的方式运行程序？

⑤ 运行后，空白窗体的标题栏是什么？

图 1-10　最简单的 Windows 应用程序运行结果

（6）单击 IDE 窗口工具栏上的"全部保存"按钮 ，保存项目。⑥

⑥ 单击"文件"→"关闭解决方案"，回到哪个界面？此时再次打开这个项目，可以怎样做？写下步骤。

相关知识：IDE 开发环境与项目文件组成

1. Visual Studio 2022 IDE 开发环境组成

图 1-10 即是 Visual Studio 2022 中面向 Windows 应用程序开发的 IDE 环境，主要由标题栏、菜单栏、工具栏、工具箱窗口、解决方案资源管理器窗口、属性窗口、窗体设计器、代码窗口组成。各组成元素在 IDE 中所处位置如图 1-11 所示。如果读者安装的 Visual Studio 2022 IDE 环境默认不包含以上组成项，可以在"视图"菜单中单击缺少的窗口，使其显示出来。①

边学边做

① 你的 IDE 环境都显示这些窗口了吗？如果有未显示的，请将其显示出来。

图 1-11 分割后的 IDE 开发环境窗口组成

与常见的 Windows 型窗口相同，Visual Studio 2022 的 IDE 开发环境也包括标题栏、菜单栏、工具栏等内容，在此不做叙述。有关各菜单项和工具栏中命令项的功能，在后面使用其功能时再分别介绍。下面介绍 Visual Studio 2022 IDE 环境中几个重要的子窗口。

1）设计器窗口和代码窗口

设计器窗口和代码窗口是程序设计最常用的两个子窗口。从图 1-11 可以看出，设计器窗口和代码窗口共享一个屏幕区域，通过窗口上部的标签可以实现两者之间的相互切换，也可以按 F7 键和 Shift+F7 组合键，F7 键从设计器窗口切换到代码窗口，Shift+F7 组合键从代码窗口切换到设计器窗口。②

边学边做

② 如何在设计器窗口和代码窗口之间进行切换？有几种不同的方式？

设计器窗口用来设计 Windows 窗体或 Web 窗体，通过在窗体上添加控件、组件、图形、图片等对象，设计出应用程序的外观。应用程序中的每一个窗体都有自己的窗体设计器。代码窗口用来设计程序的源代码，它实际上是一个纯文本编辑器，在该窗口可以进行一般的文本操作，如选定、复制、移动、撤销和恢复等，这些操作的快捷键也类似于文本编辑器的快捷键。

2）解决方案资源管理器窗口

解决方案资源管理器窗口以树状的结构查看、管理整个解决方案中包括的项目及其相关信息。在 Visual Studio 2022 中，项目是一个独立的编程单位，刚才新建的只有一个空白界面的应用程序也是一个项目。项目中包含窗体文件及其他一些相关的文件，若干个项目（也可以是一个）组成了一个解决方案。在新建一个项目时，如图 1-12 所示，系统会默认地把项目添加到一个解决方案中（"创建解决方案的目录"默认选中），该解决方案的名称默认与项目的名称相同，上面的任务中把解决方案的名称改成了"Chapter1"，今后会把第 1 章中所有的程序例子都放在这个解决方案中。③

边学边做

③ 你创建的解决方案中目前有几个项目？可以包含多个吗？
_____
_____
_____

单击解决方案资源管理器窗口上面左起第二个按钮 （显示所有文件），将列出该解决方案包含的所有项目及每个项目包含的所有文件。图 1-12 是在任务 1-2 中创建的只包含一个空白界面的应用程序时对应的解决方案资源管理器窗口，该解决方案名为"Chapter1"，只包含一个项目，项目名为"Task1-2"（这是在新建项目时定义的名字）。在新建项目时，Visual Studio 2022 会自动创建很多与项目相关的文件，如图 1-12 中的"Properties"目录、"引用"目录，大部分文件不需要开发者进行直接的编辑。双击"Properties"可以打开属性编辑器来对项目进行配置，"引用"目录存放的是项目引用的命名空间和组件。"Form1.cs"是项目包含的窗体文件，"Program.cs"用于项目启动。

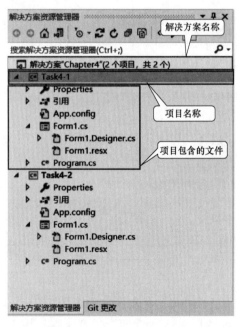

图 1-12 新建项目的"解决方案资源管理器"窗口

双击某个项目中的文件，可以打开相应的视图。例如，双击窗体文件 Form1.cs，可以打开 Form1 的设计器窗口。

> **提示**：对解决方案、项目的再理解
> 通俗地说，一个项目可以就是开发的一个软件，在.NET 下，一个项目可以表现为多种类型，如控制台应用程序、Windows 应用程序、类库（Class Library）、Web 应用程序、Web Service、Windows 控件等。
> 刚才创建的项目由于只有一个空白界面，没有提供任何实用的功能，所以也没有体现出解决方案的作用。但是一个稍微复杂一点的软件都是由很多模块组成的，为了体现彼此之间的层次关系，利于程序的复用，往往需要多个项目，每个项目实现不同的功能，最后将这些项目组合起来，就形成一个完整的解决方案。形象地说，解决方案就是一个容器，在这个容器里，分成好多层、好多格，用来存放不同的项目。一个解决方案与项目是大于等于的关系。

解决方案资源管理器是用户和项目之间的双向接口，它提供了一个项目中所有文件的直观视图，使用户可以管理这些项。选中项目文件"Task1-2"，右击时出现的菜单如图 1-13 所示，在此可以进行项目的调试设置、生成与发布项目、为项目添加引用等快捷操作。④

边学边做
④ 通过你自己的操作，对解决方案和项目有什么样的理解？
_____
_____
_____

图 1-13 "项目文件"快捷菜单

3）属性窗口

属性窗口是 Visual Studio 2022 中的一个重要工具，通过属性窗口，可以浏览或修改窗体及窗体上控件的属性、管理窗体及控件的事件。

在属性窗口工具栏中有 5 个按钮，从左至右分别是"按分类排序"按钮、"按字母顺序排序"按钮、"属性"按钮、"事件"按钮和"属性页"按钮。其中最重要的

是"属性"按钮和"事件"按钮。单击"属性"按钮显示属性列表，如图 1-14 所示；单击"事件"按钮则显示事件列表，如图 1-15 所示。

从图 1-14 和图 1-15 可以看出，不论是显示属性列表的属性窗口，还是显示事件列表的属性窗口，都由三个部分组成：

● 对象和命名空间列表框：包含对象和命名空间（命名空间的含义参见后面"代码结构"的内容）。前面加粗显示的部分表示当前选中对象的名称，后面表示该对象所在的命名空间。图 1-14 和图 1-15 中选中的是"Form1"对象（Visual Studio 2022 提供的窗体默认名称可以通过修改 Name 属性的值进行修改），其命名空间为 System.Windows.Forms.Form。

● 属性（事件）列表框：属性列表时，列出所选对象在设计模式可更改的属性及默认值，左边是属性，右边是相应的属性值。如果要修改某个属性的属性值，可以在其属性值处单击鼠标，使其转换为可修改的状态。属性值修改后，将加粗显示。图 1-14 中窗体的"Text"属性设置为"第一个窗体"。事件列表时，左边一栏是事件的名称，双击该事件右边一栏的空白处，将打开代码窗口，以添加该事件方法的声明。⑤⑥⑦⑧⑨

● 属性（事件）含义说明：当在属性（事件）列表框选取某属性时，在该区显示所选属性（事件）的含义。图 1-14 中显示的是"Text"属性的含义，图 1-15 中显示的是"Click"事件的含义。

⑤ 再次打开程序 Task1-2，在属性窗口查看，窗体"Form1"的"Text"属性默认值是什么？其"Name"属性的默认值是什么？

_____

_____

⑥ 将"Form1"窗体的"Text"属性修改为"第一个窗体"。然后运行这个程序，此时窗体的标题栏是什么内容？说明窗体"Text"属性的作用。

_____

_____

⑦ 在操作过程中，如果想设置"属性窗口"中显示的属性按照字母排序，应该怎样操作？

_____

_____

⑧ 找到窗体"Form1"的"WindowState"属性，这个属性的默认值是什么？将该属性值修改为"Maximized"，然后运行程序，出现了什么效果？说出这个属性的作用。

_____

_____

⑨ 转换到事件列表，在"Click"事件空白处双击，进入什么状态？记录下光标闪烁处的那一串字符串。

_____

_____

图 1-14　属性列表

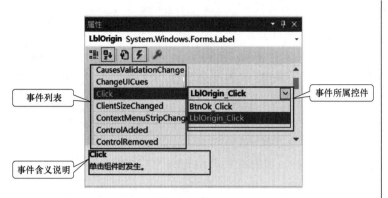

图 1-15　事件列表

4）工具箱窗口

在默认状态下，工具箱窗口处于隐藏状态，位于窗口的左边框，当鼠标指向它时，显示窗口，如图 1-16 所示。可以单击工具箱窗口右上角的 ⊱ 取消自动隐藏功能，这样工具箱窗口就能一直显示在 IDE 左边，此时该按钮变成 ⬇ 的形状（解决方案资源管理器窗口、属性窗口均具备此功能）。⑩

⑩ 取消你的 IDE 中工具箱的自动隐藏，使其一直显示。说出 IDE 窗口的变化。

_____
_____
_____

图 1-16　显示工具箱窗口

工具箱窗口有 10 个选项卡，各类、组件分别放在不同的选项卡中。最常用的是"公共控件"选项卡，用来存放开发 Windows 应用程序所使用的控件。在"公共控件"处单击，将展开其所包含的所有控件。⑪⑫

在操作过程中，如果由于鼠标的误操作导致 IDE 开发环境中各窗口和面板的位置发生了改变，让设计者觉得不习惯，那么可以在"窗口"菜单中选择"重置窗口布局"菜单项，使其恢复到默认状态。⑬

2. 项目文件组成

在任务 1-2 中，把项目保存在"E:\C#学习"文件夹，项目名为"Task1-2"，同时创建了与项目不同名的解决方案"Chapter1"，在前面讲解"解决方案资源管理器窗口"时，大家已经注意到一个项目文件还包括很多系统自动创建的与该项目相关的文件。现在来看一下这个项目文件在硬盘上是如何保存的。找到"E:\C#学习"文件夹，这里面包含一个文件夹"Chapter1"，双击"Chapter1"文件夹，其中又包含一个"Task1-2"文件夹和一个"Chapter1.sln"文件，如图 1-17 所示。双击"Task1-2"文件夹，其包含的文件如图 1-18 所示。

⑪ 展开"公共控件"，第 4 个控件的名字是什么？在该控件上单击，然后把鼠标移动到"Form1"窗体，画一个矩形，说出窗体上出现了什么。
_____
_____
_____

⑫ 此时再观察属性窗口。在属性窗口的对象与命名空间列表框中写下当前选中对象的名称。找到该对象的"Text"属性，默认的值是什么？把"Text"属性值修改为"确定"，按 Enter 键后观察窗体上的变化。
_____
_____
_____

⑬ 在操作过程中，窗口的布局发生改变了吗？如果有变化，是什么样的操作导致了这种错误？
_____
_____
_____

图 1-17 "E:\C#学习\Chapter1"文件夹下的内容

图 1-18 "E:\C#学习\Chapter1\Task1-2"文件夹包含的内容

这些文件和文件夹都有什么含义呢？实际上，"Chapter1"文件夹是创建的解决方案文件夹，"Chapter1.sln"表示该解决方案文件，以后可以直接双击该文件夹打开解决方案。"Task1-2"是项目文件夹，该项目文件夹下的"bin""obj""Properties"文件夹内还包含各种文件，其作用先不做介绍。"Task1-2.csproj"是项目文件；"Form1.cs"是窗体代码文件，保存着窗体中的程序代码；"Form1.Designer.cs"是以代码形式保存的窗体设计文件，含窗体及窗体内控件的属性设置，其代码是自动生成的；"Program.cs"中保存了项目的启动信息。"bin"文件夹下的"Debug"文件夹下包含一个与程序同名的"×××.exe"，如图1-19所示，双击这个可执行文件，可以直接运行程序，而不需要进入IDE环境。⑭⑮

边学边做

⑭ 练习双击"Chapter1.sln"，打开该解决方案。
_____
_____
_____

⑮ 练习双击"×××.exe"，执行这个空白程序。
_____
_____
_____

Task1-2.exe　　　　　Task1-2.pdb
Task1-2.vshost.exe　　Task1-2.vshost.exe.manifest

图 1-19 "E:\C#学习\Chapter1\Task1-2\bin\Debug"
文件夹下的可执行文件

关键术语

Visual Studio 2022 集成开发环境：Visual Studio 2022 IDE
Windows 窗体应用程序：Windows Forms Application
解决方案：Solution
项目：Project
设计器窗口：Designer Window
代码窗口：Code Window
属性：Properties
工具箱：Toolbox Window

实训项目

新建一个项目 MyPro，项目所在解决方案 MySul。
（1）设计如图 1-20 所示的界面。

图 1-20 实训参考界面

（2）给项目 MyPro 添加一个新的窗体，如果成功，新窗体默认的名字是什么？写出操作步骤。（提示：在"解决方案资源管理器"窗口中，在项目"MyPro"上右击，选择

"添加"菜单项。)

（3）给解决方案添加一个新的项目，如果成功，新项目默认的名字是什么？写出操作步骤。（提示：在"解决方案资源管理器"窗口中，在解决方案"MySul"上右击，选择"添加"菜单项。）

任务 1-3　编写欢迎程序

任务分析

窗体上有两个按钮："显示欢迎词"和"退出"，当用户单击"显示欢迎词"按钮时，在窗体中显示一段欢迎文字；当用户单击"退出"按钮时，退出程序。

任务实现

（1）先打开 Chapter1 解决方案，然后在"解决方案资源管理器"中选中解决方案"Chapter1"，右击，选择"添加"→"新建项目"，在弹出的"添加新项目"对话框中选择"Windows 应用程序"，项目名称为"Task1-3"，在该项目上右击，选择"设为启动项目"。

（2）在 Visual Studio 2022 IDE 环境中设计程序界面，设计效果如图 1-21 所示。

边做边想

① 为什么设置 Label 对象的 Text 属性值为空，如果不设置，会有什么现象发生？
_____
_____
_____

② 为"Label1"设置背景颜色时，除了使用"Web"选项卡中的颜色外，还可以选择其他的吗？具体如何设置？
_____
_____
_____

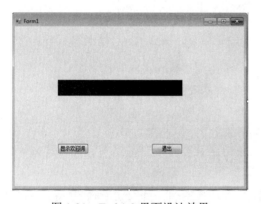

图 1-21　Task1-3 界面设计效果

● 在工具箱窗口中单击"所有 Windows 窗体"选项卡，用鼠标单击 A Label ，然后在窗体的适当位置按下鼠标拖动，在窗体上生成一个"Label1"对象；在属性窗口中设置 Name 属性为"LblWelcome"、Text 属性值为""（空，也就是把默认的"Label1"删掉）、Font 属性值为"宋体、14.25pt（四号字）"、BackColor 属性值为"DarkRed（'Web'选项卡中）"、AutoSize 属性值为"False"。①②

在工具箱窗口中单击 `[ab] Button`，在窗体的适当位置按下鼠标拖动，在窗体上生成一个"Button1"对象，用同样的方法再向窗体中添加另一个"Button2"对象（也可以按住 Ctrl 键，同时拖动"Button1"按钮，这样可以保证两个按钮的大小相同）；设置"Button1"和"Button2"对象的 Name 属性分别为"BtnShow""BtnExit"，Text 属性分别为"显示欢迎词""退出"。见表 1-1。

③ 在本次任务中，具体使用了按钮的哪个事件？
_____
_____
_____

④ 双击按钮，进入的是哪一个事件？如果想编写其他事件的代码，该如何操作？（参考前面属性窗口的内容）
_____
_____
_____

表 1-1 "Task1-3"控件设计

控件	控件类型	控件属性	属性值
LblWelcome	Label	Text	空
		Name	LblWelcome
		Font	宋体、14.25 pt
		BackColor	DarkRed
		AutoSize	False
BtnShow	Button	Name	BtnShow
		Text	显示欢迎词
BtnExit	Button	Name	BtnExit
		Text	退出

⑤ 你在实现任务的过程中，遇到了哪些调试故障？是如何解决的？
_____
_____
_____
_____

（3）编写程序代码。

在窗体上双击"BtnShow"按钮，切换到"Form1.cs"代码窗口，光标自动在"private void BtnShow_Click(object sender, EventArgs e)"下的一对大括号之间闪烁，在光标闪烁处输入如下代码（注意，双引号应在英文状态下输入）：③④⑤

LblWelcome.Text = "欢迎来到 C#编程世界";
//显示欢迎词

切换到窗体设计器窗口，双击"BtnExit"按钮，再次切换到"Form1.cs"代码窗口，光标自动在"private void BtnExit_Click(object sender, EventArgs e)"（注意，和上一次的不同，双击"BtnShow"按钮，代码为"BtnShow_Click"，双击"BtnExit"按钮时，代码为"BtnExit_Click"）下的一对大括号之间闪烁，在光标闪烁处输入如下代码：

this.Dispose();   //卸载窗体

（4）运行程序。

按 F5 键，运行程序，运行结果如图 1-22 所示。

（5）保存项目。

第1章 可视化编程初体验

图 1-22　Task1-3 运行结果

相关知识：程序开发步骤、C#代码结构

1. 程序开发基本步骤

通过任务 1-3 这个简单的欢迎程序，实际上已经体会到在 Visual Studio 2022 IDE 环境下编写应用程序的步骤。综合来说，有下面 5 个步骤。

- 新建项目：设定项目的名称和保存位置。
- 设计界面：通过在窗体上添加控件和设置控件属性，设计应用程序与用户交互的界面。
- 编写程序代码：为控件的事件编程，实现程序功能。
- 运行调试：查找程序中的错误，保证程序正常运行。
- 保存。

2. C#代码结构

在完成 Task1-3 的过程中，通过在"Form1.cs"的代码窗口写入一些代码来实现程序的功能，一条代码用来实现显示欢迎词，一条代码实现程序的退出。可以发现，除了写入的代码外，还有很多系统自动生成的代码，下面来学习一下这些代码的作用，以便今后更顺利地编写自己的代码。

C#程序的代码结构是构成应用程序的必要元素，包括程序代码的组成要素、语法规则和书写格式等。前面创建的"欢迎程序"的主要代码分别被保存在 3 个不同文件中，其中，"Form1.cs"主要用于程序设计者进行代码设计；"Form1.Designer.cs"主要用于存放在程序设计过程中系统自动生成的代码；"Program.cs"用于整个程序的启动。①

1)"Form1.cs"代码结构

"Form1.cs"是与程序员关系最密切的，通常自己编写的代码都在这个文件中。"欢迎程序"的"Form1.cs"代码结构如

边学边做

① 观察你做的项目，看看主要代码分别保存在哪三个文件中。
_____
_____
_____

图 1-23 所示。

在代码窗口的最上面是两个列表框：窗体列表框和事件列表框。窗体列表框用来选择程序中包含的窗体，在这个"Task1-3"中，只有一个"Form1"窗体，如果包含多个窗体的程序，则单击窗体列表框后面的 进行选择。事件列表框显示的是该窗体中已经定义的事件，比如在"Task1-3"中通过双击两个按钮，形成了这两个按钮的"Click"事件，这两个"Click"事件就出现在事件列表框中，也是通过后面的向下箭头进行事件选择的。需要说明的是，这里的事件列表框中显示的是已经定义好的事件（也包含系统自动定义的事件，如此处的"Form1"），如果想定义一个窗体或窗体内控件的新事件，则需要通过属性窗口的"事件列表"来实现。如果通过事件列表框选择了一个事件，那么光标将定位到该事件所包含的代码位置。②

②定义一个窗体，如果想定义这个窗体的单击事件，则需要通过什么方式来实现？

_____
_____
_____

图 1-23 "Form1.cs"代码结构图

可以把"Form1.cs"代码结构分成以下几个组成部分：程序中导入的系统命名空间、程序自定义的用户命名空间、程序中的"Form"类、窗体中的各事件代码、事件中的语句。

- 系统命名空间和用户命名空间

在"Form1.cs"代码开头，首先看到的是由多个"using"导入的系统命名空间和由"namespace"声明的用户命名空间。命名空间是 Visual Studio 提供系统资源的分层组织方式，也是分层组织程序的方式。命名空间有两种：系统命名空间和用户命名空间。

系统命名空间是 Visual Studio 提供的，在程序中只需用"using"导入就可以使用该命名空间内提供的各种功能，对于每一个应用程序，Visual Studio 会默认地导入一些命名空间，以实现最基本的程序功能，如"Form1.cs"代码中的 8 个"using"就是自动导入的。以后写复杂程序时，如果要使用这些命名空间中不包含的功能，就应该在这个位置写入"using"语句，手动导入。比如对文件操作时，应使用"using System.IO"导入文件的功能。

用户命名空间是由用户自定义的，用"namespace"声明，这也是系统自动生成的，用户命名空间的名称与该应用程序的名称相同，比如建立的项目"Task1-3"，自动生成的命名空间为"namespace Task1-3"。③

在此注意到，像"using""namespace"这样的字符串，对 C#程序来说是有着特定含义的，被称为关键字、保留字，它们不能用做变量名，在代码中显示为蓝色。

● 类与事件

在 C#中，变量和方法必须用类进行组织。简单地说，类就是一种抽象的数据类型，只是其抽象的程度可能有所不同。在"欢迎程序"中，Visual Studio 用关键字 class 自动定义了一个名为"Form1"的类，也就是程序的界面。如果程序中有多个界面，那么就会自动生成多个"Form"类，类名与窗体名相同。

"欢迎程序"的"Form1"类中包括 3 个事件："Form1"事件（自动生成）、"BtnShow"的"Click"事件和"BtnExit"的"Click"事件。事件表示程序执行到某一状态时要进行的操作，"BtnShow"的"Click"事件代码表示当用户单击"BtnShow"按钮时要执行显示功能。④

● 语句

在 C#中，语句就是程序中执行操作的指令，每条语句必须以分号";"结束，否则将会出现语法错误。在书写代码时，可以在一行中书写多条语句，也可以在一行中书写一条语句，还可以将一条语句写在多行上。系统在编译时，会自动处理这些书写格式上的不同。对于初学者来说，就是学习 C#中各种语句的形式，这也是后续学习的主要内容。⑤

边学边做

③ 根据你的所学，简要说明什么是系统命名空间，什么是用户命名空间。
_____
_____
_____

④ 在你创建的项目中，请找出类和相关的事件。
_____
_____
_____

⑤ 在 C#中，可以将多条语句书写在一行吗？在你创建的项目中检验一下。
_____
_____
_____

> 提示：在 C#中，括号"{"和"}"是一种范围标注，是组织代码的一种方式，用来表示应用程序中逻辑上有紧密联系的一段代码的开始与结束，"{"和"}"必须成对出现。在"Form1.cs"代码窗口左侧，有折叠与展开标志"+"和"-"，在包含大量代码的程序中，可以通过单击"+"和"-"折叠或展开代码，使代码更直观、清晰。

2）"Form1.Designer.cs"文件代码

"Form1.Designer.cs"是以代码形式保存的窗体设计文件，含窗体及窗体内控件的属性设置，其代码是自动生成的。比如在"欢迎程序"中，在属性窗口设计了"Label1"标签对象的多个属性，这种操作在"Form1.Designer.cs"自动生成了如下代码。⑥

```
//
this.LblWelcome.BackColor = System.Drawing.Color.DarkRed;
this.LblWelcome.Font = new System.Drawing.Font("宋体",
14.25F, System.Drawing.FontStyle.Regular,
System.Drawing.GraphicsUnit.Point, ((byte)(134)));
this.LblWelcome.Location = new System.Drawing.Point(39, 37);
this.LblWelcome.Name = "LblWelcome";
this.LblWelcome.Size = new System.Drawing.Size(208, 48);
this.LblWelcome.TabIndex = 0;
//
```

3）"Program.cs"代码文件

"Program.cs"存放了程序的启动信息，下面是"欢迎程序"中"Program.cs"文件所包含的代码。⑦

```
using System;
using System.Collections.Generic;
using System.Linq;
using System.Windows.Forms;
namespace Task1_3
{
    static class Program
    {
        /// <summary>
        /// 应用程序的主入口点
        /// </summary>
        [STAThread]
        static void Main()
        {
            Application.EnableVisualStyles();
            Application.SetCompatibleTextRenderingDefault(false);
            Application.Run(new Form1());
        }
```

边学边做

⑥ 在你创建的任务中，有"Form1.Designer.cs"文件吗？里面的代码是你编写的吗？观察代码，看看起到了什么作用。
_____
_____
_____

⑦ "Program.cs"文件存放了程序的什么信息？每个应用程序都有这个文件吗？
_____
_____
_____

⑧ "Program.cs"代码文件中，代码 Application.Run(new Form1());表示什么意思？如果项目中有两个窗体，如何把 Form2 设置为启动窗体？
_____
_____

⑨ 如果想要为程序设置启动窗体，想一想有几种设置方法。具体是什么？提示：可以在 Program.cs 文件中设置。
_____
_____

        }
}

从以上代码中看出,"Program.cs"中除了包含自动导入的系统命名空间和自动声明的用户命名空间外,还包括自动声明的"Program"类,该类中有一个"Main"方法,"Main"方法用来指示应用程序从该处开始,即"Main"方法是应用程序的入口。C#要求每个程序必须有且只能有一个"Main"方法,缺少或者多于一个都将产生错误。"Main"方法中的语句用于程序的启动,如"Application.Run(new Form1());"表示程序启动时显示"Form1"界面。如果在一个程序中有多个窗体,可以修改该语句,设置不同的启动窗体。⑧⑨⑩

⑩ "Program.cs"文件中,"Main"方法起到了什么作用?这样的方法可以有几个?
_____
_____
_____

3. 给初学者的建议

1)录入程序时应注意的问题

为了减少程序员在录入程序代码时的输入错误,Visual Studio 2022 IDE 环境提供了很多便利,主要包括:

● 语法着色

在代码窗口进行编辑时,代码使用了色彩调配,这就是所谓的语法着色。默认情况下,常规代码为黑色,而关键字为蓝色。语法着色可以帮助用户发现一些由于粗心或因拼写而造成的错误,这些错误往往不容易发现。因而,其可在进行编译之前防止许多编译错误的发生。

● 智能感知

当在代码中输入"."时,会出现一个下拉列表来对用户的输入做出提示。这种输入提示大大方便了程序员的编辑工作,从而防止了错误的发生。在输入时,应尽可能多地使用提示输入,减少出错的概率。

● 自动缩进

缩进可以清晰地表示程序的结构层次。打开窗体文件"Form1.cs",里面的每一行代码并不都是从第一个位置开始书写的,有的行缩进了一个制表符,有的行则缩进了两个制表符,这样就可以清晰地表示该程序的结构。为了方便程序员,系统自动根据代码的层次设置缩进。

● 自动添加空格

空格有两种作用:一种是语法要求的,必须遵守;另一种是为了使语句不至于太拥挤,在"="两边的空格能让语句看起来更舒展,当一条语句输入完成后,即输入";"后,系统会自动在代码中添加非必需的空格。

● 自动括号匹配

除了充分利用系统提供的功能外,还应该注意以下问题。

● 中英文转换

在输入包含中文、英文的语句时,例如"欢迎程序"中显示欢迎词的语句,由于涉及中英文交替输入,输入时应特别注意,否则将发生错误。双引号内部的标点符号可以是中文的，也可以是英文的。但是双引号外部的标点符号必须是英文的，如双引号""、分号;、小黑点"."等，都应该在英文状态下输入。

- 字母大小写

C#中的字母是可以大小写混合的，但是一定要注意，系统对大小写是严格区分的，例如，变量 Name 和 name 是两个完全不同的变量。因此，初学者在输入代码时，一定要注意变量名、类名、属性名和方法名的大小写，否则将发生难以查辨的错误，因此，最好的不出错的输入方法是借助系统提示，例如：

```
Button1.text      //错误
Button1.Text      //正确
```

- 大括号应成对使用

C#中，大括号"{"和"}"是组织代码的一种方式，可以嵌套，必须成对使用。如果不成对匹配，将导致难以查找的错误。所以，在输入代码时，最好把这一对大括号同时输入，然后再输入其中包含的代码，这样可以保证括号的匹配。

- 在每行代码前显示行号

在 Visual Studio 2022 中选择"工具"菜单，然后选择"选项"一项，弹出"选项"窗口，单击"文本编辑器"左侧的"+"号，选中"C#"，右侧窗口有显示行号选项，在旁边打钩就可以了。

2）给程序添加注释

为了提高程序的可读性，通常在程序的适当位置加上一些解释性的语句。注释语句只是用来对程序进行说明的，并不参与程序的执行。C#中最基本的注释有两种：

- 单行注释：使用双斜线"//"，不能换行。
- 多行注释：以"/*"开始，以"*/"结束，可以换行。

在"欢迎程序"中，使用了"//"对重要的语句做出解释。多行注释一般用在程序文件开头，简要叙述该文件的内容、功能及作者等信息，如下所示；或者对一段代码的功能整体做出解释。

```
/********************************
*      版权信息
*      文件名称
*      程序内容及功能简述
*      作者
*      完成日期
********************************/
```

关键术语

类：Class
事件：Event
系统命名空间：System Namespace
用户命名空间：User Namespace

实训项目

（1）给"欢迎程序"添加一个新按钮，按钮上显示"清除"，当用户单击"清除"按钮时，清除掉显示的欢迎信息。（提示：也就是"清除"按钮的"Click"事件中执行将"LblWelcome"标签对象的"Text"属性设置为空，即""，一对无内容的双引号表示空。）

（2）将"欢迎程序"中的欢迎词修改为：欢迎来到"C#"编程世界！，也就是欢迎词显示出来时，"C#"是用双引号括起来的。（提示：注意这双引号的不同作用。）

任务 1-4 设计用户登录界面

任务分析

在使用 QQ 聊天时，首先需要输入自己的账号和密码，如果不正确，就不能进入聊天系统。本次任务也来设计用户登录验证，可采用图 1-24 所示的界面，如果用户输入账号"student"、密码"12345"，则显示登录成功信息，否则显示登录失败。

图 1-24 用户登录界面

"用户登录"界面控件列表见表 1-2。

表 1-2 "用户登录"界面控件列表

控件	控件类型	属性	值
Form1	Form	Text	用户登录
Label1	Label	Text	账号
Label2	Label	Text	密码
TxtName	TextBox	Name	TxtName
TxtPassword	TextBox	Name	TxtPassword
		PasswordChar	*
BtnLogin	Button	Name	BtnLogin
		Text	登录
BtnCancel	Button	Name	BtnCancel
		Text	

任务实现

（1）打开 Chapter1 解决方案，添加项目名称为"Task1-4"，设为启动项目。

（2）界面设计。

- 向窗体中添加两个 Label 控件，设置 Text 属性分别为"账号:""密码:"。
- 向窗体中添加两个 TextBox 控件，设置 Name 属性分别为"TxtName""TxtPassword"，设置第二个 TextBox 控件的 PasswordChar 属性值为"*"，用于显示密码。①
- 向窗体中添加两个 Button 控件，设置 Name 属性分别为"BtnLogin""BtnCancel"，设置 Text 属性分别为"登录""取消"。

（3）编写程序代码。

编写"登录"按钮的 Click 事件：双击"BtnLogin"按钮，在 Click 事件中编写如下代码：

```
1   private void BtnLogin_Click(object sender, EventArgs e)
2   {
3       if (TxtName.Text.Trim() == "" || TxtPassword.Text.Trim() == "")②
4       {
5           MessageBox.Show("请输入用户名或密码","提示");
6           TxtName.Focus();  ③
7       }
8       else
9       {
10          if (TxtName.Text.Trim() == "student" &&TxtPassword.Text.Trim() == "12345")
11              MessageBox.Show("您登录成功！","提示");
12          else
13          {
14              MessageBox.Show("您登录失败！","提示");
15              TxtName.Focus();
16          }
17      }
18  }
```

编写"取消"按钮的 Click 事件：双击"BtnCancel"按钮，在 Click 事件中编写如下代码：

```
19  private void BtnCancel_Click(object sender, EventArgs e)
20  {
21      TxtName.Clear();  ④
22      TxtPassword.Clear();
23      TxtName.Focus();
24  }
```

边做边想

① 以你操作电脑的经验，说明密码框和普通文本框有什么区别。
_____
_____

② 把 TxtName.Text.Trim()代码改成 TxtName.Text，运行程序，然后在文本框中输入"student"和"student "（student 这几个字母后面有多余的空格），观察 Trim()方法起到什么作用。
_____
_____

③ 在本次任务中，把第6行代码TxtName.Focus();注释，然后运行程序，观察这行代码起到了什么作用。如果不设置，会有什么情况发生？
_____
_____

④ 清除文本框的值使用了 TxtName.Clear();代码，还可以使用什么方式清除？
_____
_____

（4）运行效果。

如果用户输入的用户名或密码为空，则弹出"请输入用户名或密码"消息框；如果用户输入的用户名和密码是"student""12345"，则弹出"您登录成功！"消息框，否则提示失败。

代码分析

第 3 行判断输入的用户名和密码是否为空，Trim()去除字符串的空白字符，如果不去除，当用户误输入空白字符时，影响程序的判断。

第 5 行弹出标题显示为"提示"，内容为"请输入用户名或密码"的消息窗口。

第 6 行焦点设置在第一个文本框。

第 10～16 行判断用户是否与指定的用户信息一致，如果一致，弹出"您登录成功！"消息框，否则弹出"您登录失败！"消息框。

第 21、22 行调用 Clear 方法清空文本框的值。

从上面的代码分析可以看到，在程序设计过程中，不仅要完成相应的功能，还要注意界面的友好性，本例中焦点的设置充分说明了这一点。下面对窗体、Label 控件、TextBox 控件和 Button 控件做一些详细的讲解。

相关知识：窗体、3 种常用控件、消息框

1. 窗体

窗体是应用程序的基本单元，是一种显示形式。用户可以将控件放入窗体来定义用户界面，它是用户交互的主要载体。通过设置窗体的属性和编写事件代码来完成相关的功能。

窗体结构主要包括系统菜单、标题栏、最小化按钮、最大化按钮、关闭按钮等，如图 1-25 所示。①

边学边做

① 观察你创建的窗体，看看窗体的结构由哪几部分组成。

_____
_____
_____

图 1-25　窗体结构

创建窗体很简单，在默认环境下，只要创建一个任务就默认添加一个名为 Form1 的窗体，也可以新添加窗体，一种方法是单击"项目"菜单，选择"添加 Windows 窗体"，出现"添加新项"对话框，在"添加新项"对话框中选择"Windows 窗体"；另一种方法是在"解决方案资源管理器"中右击项目名称，单击"添加"→"Windows 窗体"。

2. 窗体的属性

窗体的属性用来定义窗体的状态、行为和外观，如前景色、背景色、大小、位置和用来显示文本的字体。窗体属性很多，按照属性的作用，可分为"外观属性""样式属性""布局属性"等几个不同的类别（图 1-14）。

这里主要介绍常用的一些属性，公共属性将在后面介绍。

（1）BackgroundImage 属性：表示窗体的背景图片。在窗体属性窗口，单击"BackgroundImage"属性，会弹出"选择资源"对话框，选择"项目资源文件"中的"导入"，将需要的背景图片添加到项目资源文件 Resources.resx 中，并复制到本地项目的 Resources 文件夹中。如果选择"本地资源"导入，则资源文件将添加到本窗体的资源文件 FrmLogo.resx。它们之间的区别是，项目资源可供全局使用，窗体资源只限本窗体内使用，使用范围不同。②

边学边做

② 在你创建的窗体中,如果设置其中一个窗体的背景颜色为"灰色",应该设置什么属性？具体如何设置？请操作一下。

_____
_____
_____

> **提示**：为了使应用程序的界面更加美观，经常需要添加声音、图片等一些多媒体信息，这些非源代码的数据称为"项目资源"。项目资源以 XML 格式存储在.resx 文件中，默认的文件名为 Resources.resx。

（2）FormBorderStyle 属性：表示窗体的边框风格。它必须被设置为 FormBorderStyle 枚举类型中的一个值，默认情况下被设置为 Sizable。具体值如下：③④

- Fixed3D：窗体具有三维显示效果，窗体的边框是固定的，有标题栏、"最小化"按钮、"最大化"按钮、"关闭"按钮。
- FixedDialog：生成对话框，窗体的标题栏中没有系统菜单，边框为粗线条显示。
- FixedSingle：窗体的边框是固定的，窗体具有标题栏、系统菜单及"最小化"按钮、"最大化"按钮、"关闭"按钮。程序运行后，无法通过拖动边框来改变窗体大小，只能通过"最大化"按钮和"最小化"按钮来改变，边框为细线条显示。
- FixedToolWindow：窗体的边框固定，窗体的标题栏中只有"关闭"按钮。
- None：窗体没有边框线，没有标题栏、系统菜单及"最小化"按钮、"最大化"按钮、"关闭"按钮。
- Sizable：窗体大小可变。运行程序时，可以通过鼠标拖

边学边做

③ 观察你创建的窗体，看看 FormBorderStyle 属性的值是什么。运行窗体，说明窗体的特点。

_____
_____
_____

④ 把你的窗体的边框风格改为"FixedToolWindow"，运行窗体，说明窗体的特点，其与之前默认设置的有什么区别？

_____
_____
_____

动来改变窗体大小。

● SizableToolWindow：窗体标题栏中只有"关闭"按钮，程序运行后，可以通过拖动来改变窗体大小。

除了 FormBorderStyle 可以设置窗体的外观外，还有一些特殊的属性来确认在窗体中显示什么项目。

（3）ControlBox 属性：指示窗体的标题栏中是否显示系统菜单和"控制"按钮，当 ControlBox 为 True 时，显示系统菜单和"控制"按钮，为 False 时不显示。

（4）HelpButton 属性：指示窗体的标题栏中是否有"帮助"按钮，当 HelpButton 为 True 时，显示"帮助"按钮，为 False 时不显示。

（5）MaximizeBox 属性：指示窗体标题栏中是否有"最大化"按钮，当 MaximizeBox 为 True 时，显示"最大化"按钮，为 False 时不显示。

（6）MinimizeBox 属性：指示窗体标题栏中是否有"最小化"按钮，当 MinimizeBox 为 True 时，显示"最小化"按钮，为 False 时不显示。

> **提示**：如果 FormBorderStyle 属性设置为 "Fixed3D"，MaximizeBox 属性设置为 "False"，则运行窗体显示"最大化"按钮，但是处于禁用状态。也就是说，如果两个属性设置发生冲突，窗体显示以 FormBorderStyle 设置为准，但是具体能不能用，则取决于各个分项的设置。

（7）ShowInTaskbar 属性：指示运行后是否在 Windows 任务栏上显示该窗口图标。当 ShowInTaskbar 为 True 时，运行时将显示图标，为 False 时不显示。

（8）Icon 属性：表示窗体的图标。窗体正常显示时，该图标显示在窗体标题栏中，代表系统菜单；窗体最小化时，该图标显示在任务栏。图标文件是后缀文件名为.Ico 的图像文件，添加时单击该属性右侧的按钮，选择图像，添加后的图标文件保存到本窗体的资源文件中，如果窗体名为 FrmLogo，那么就保存在 FrmLogo.resx 中。⑤

（9）StartPosition 属性：确定新建窗体第一次出现时的位置。它必须被设置为 FormStartPositon 枚举类型中的一个值，默认情况下，被设置为 WindowDefaultLocation。具体值如下：⑥

边学边做

⑤ 给你创建的窗体设置一个图标。对图片有格式方面的要求吗？
_____
_____
_____

⑥ 窗体运行时，想让窗体位于屏幕的中心，该如何设置？
_____
_____
_____

● CenterParent：启动时窗体在中心。在多文档窗体中，有父窗体和子窗体之分，在第八单元的多文档窗体中会讲解。

● CenterScreen：窗体位于屏幕的中心。

● Manul：窗体位置由位置属性 Location 确定，表示初始坐标，默认情况下是（0，0），因此启动时窗体在屏幕左上角，也可以手动更改。

● WindowDefaultBounds：窗体的大小和位置都由 Windows 系统默认，默认位置在屏幕的左上角。

● WindowDefaultLocation：Windows 的默认位置，在屏幕的左上角，size 大小为（300，300）。

（10）WindowState 属性：确定窗体的初始可视状态。它必须被设置为 FormWindowState 枚举类型中的一个值，具体如下：

● Normal：窗体初始状态为默认大小的窗口。
● Minimized：窗体初始状态为最小化的窗口。
● Maximized：窗体初始状态为最大化的窗口。

3．窗体的事件

窗体作为一种特殊的控件，有很多可用的事件。

（1）Load 事件：当用户加载窗体时引发该事件。通常情况下，如果在窗体运行时需要进行一些判断，根据判断执行一些操作时，就可以使用此事件。在事件处理程序中编写代码实现相应功能。⑦

（2）Activated 事件：当窗体成为活动窗口时引发该事件。

（3）FormClosed 事件：关闭窗体时引发该事件。例如，当运行完整个系统时，可以给用户一些温馨提示，比如"欢迎下次使用！"等，就可以在最后一个窗体中使用此事件，编写代码实现提示。

（4）Resize 事件：窗体大小改变时引发该事件。

4．窗体的方法

（1）Show 方法：显示无模式窗体，在使用窗体的各种方法之前，需实例化窗体。如下代码：⑧

```
FrmMain myFr = new FrmMain();
myFr.Show();
```

虽然已经添加了新窗体 FrmMain，但是仍需要在代码中使用 new 关键字进行实例化，才可以使用窗体的各种方法。直接写上如下代码是不能显示出该窗体的。

```
FrmMain.Show();
```

（2）ShowDialog 方法：显示为模式窗体。

（3）Hide 方法：隐藏窗体。

（4）Refresh 方法：刷新并重画窗体。

（5）Activate 方法：激活窗体并给予它焦点。

（6）Close 方法：关闭窗体。从表面上来看，Hide 方法和 Close 方法造成的结果都是窗体消失了，但二者有很大的区别。Close 方法是关闭窗体，该窗体关闭后将不占系统资源。而 Hide 方法是隐藏窗体，是将其窗体的 Visible 属性设置为 Flase，系统并不释放其资源。窗体隐藏后，用户不能与其交互，但从代码中依然能访问其中的控件。因此，需要经常显示的窗体应采

边学边做

⑦ 双击你创建的窗体，观察光标所处的位置，并说出这个默认事件的名称是什么。

_____
_____
_____

⑧ 用代码显示窗体时，必须调用什么方法，否则窗体不能够正常显示出来？请编写程序进行验证。

_____
_____
_____

⑨ 利用代码关闭当前窗体，请具体写出对应的语句。

_____
_____
_____

用 Hide 方法，而非 Close 方法。⑨

【例 1-1】下面通过一个小例子来体会 Load 事件发生的时间。比如，在向用户提供功能前（也就是向用户显示主界面之前），需要判断一下现在的时间，如果在工作时间内（早 8:00 到晚 5:00），则向用户显示主界面，否则，提示用户不能使用此系统。那么可以把时间判断的这些代码写入主界面窗体的 Load 事件中。

具体步骤如下：

（1）打开 Chapter1 解决方案，添加项目名称为"Exa1-1"，设为启动项目；

（2）添加窗体，设置 Name 属性为"FrmLogo"；⑩

（3）选中主窗体，单击 事件按钮，双击"Load"；或者双击窗体，转到代码编辑界面，编写代码如下：⑪

```
private void FrmLogo_Load(object sender, EventArgs e)
{//获取当前系统时间中的小时数
int myHour = Convert.ToInt16(DateTime.Now.Hour);
if (myHour > 17 || myHour <= 7)    //判断是否在上班时间 ⑫
{
MessageBox.Show("请在工作时间使用该系统！");  //弹出消息框
this.Close();//关闭窗体⑬
}
}
```

（4）运行与分析：以上代码首先获得了系统当前的时间，然后判断现在是否是在工作时间内，如果是，则不执行任何操作，Load 事件结束，继续加载窗体并显示主界面。如果不是，则给出如图 1-26 所示的提示信息，单击"确定"按钮后，关闭窗体。此时发现主窗体并没有显示出来，也就是说，Load 事件发生在窗体加载完成之前。

⑩在程序 Exa1-1 中，如果把添加的新窗体的 Name 属性设置为"FrmM"，则在编写程序代码时，需要做哪些改动？
_____
_____
_____

⑪观察窗体 FrmLogo，在程序 Exa1-1 中使用的是什么事件？还有哪些事件可以使用？
_____
_____
_____

⑫把工作时间设置为早上 9 点到晚上 6 点，该如何修改？
_____
_____
_____

⑬把 this.Hide() 换成 this.Close()，运行程序，会产生什么效果？
_____
_____
_____

图 1-26 Load 事件提示信息

5. Label 控件

Label（标签）控件用来显示用户不能编辑的文本或图像。它们可以为其他控件如文本框、组合框等添加一些描述性的信息，也可以编写代码，使其显示的文本随着响应事件运行时而做出更改。Label 控件的使用较为简单，除了使用 font、size 等属性控制其外观外，还有一个常用的控制外观的属性：BorderStyle 属性，用来确定标签是否有可见的边框。BorderStyle 有 3 个取值，具体如下：

- Fixed3D：三维边框。
- FixedSingle：单行边框，边框为细线条显示。
- None：无边框，系统默认值。

6. TextBox 控件

TextBox（文本框）控件用于获取用户输入或显示文本，在前面的例子中已多次使用。TextBox 控件可以用于数据的输入和编辑，也可以设置为只读，仅用于显示文本；可以显示一行或多行，也可以设置密码显示模式。

默认情况下，最多可在一个文本框中输入 2 048 个字符。如果将 Multiline 属性设置为 true，则最多可输入 32 KB 的文本。Text 属性可以在设计时使用"属性"窗口设置，在运行时可用代码赋值，或者在运行时获得用户的输入，通过读取 Text 属性来检索文本框的当前内容。

下面介绍 TextBox 控件的常用属性。

（1）PasswordChar 属性：用来屏蔽控件中实际文本的字符，在显示时，不显示实际的字符，而是全部显示成该种字符，就如通常使用的密码框。例如，设置该属性值为"◆"，则运行时用户无论在文本框输入什么，都被该符号所屏蔽，并且不允许在控件中使用剪切和复制的操作。⑭

（2）ReadOnly 属性：指示文本框的文本是否为只读，该值为 True，则为只读，否则为可读写。设置为只读时，仅用于显示文本。⑮

（3）MultiLine 属性：指示文本框是否为多行文本框，默认为单行，该值设置为 True，表示将文本框设置为多行，行数可以用 Lines 属性进行限定。⑯

（4）MaxLength 属性：用于指示文本框中输入的最大字符数，一般在限定用户输入字符个数时使用，比如，要限定用户名的长度不超过 16，那么将此值设置为 16。

（5）TextLength 属性：获取控件中文本的长度。如果需要验证文本框中的长度在一定的范围，那么就可以利用该属性首先获得文本的长度，然后再进行判断。此属性在属性窗口中没有，只能运行时用代码设置。

（6）CharacterCasing 属性：用来指示文本框中输入的文本格式，值为 Normal 时，输入内容与实际输入的相同；值为 Upper

---

边学边做

⑭ 在窗体上添加一个 TextBox 控件，设置为密码框，要求将用户输入的数据显示的符号为"*"，如何设置？还可以设置为其他符号吗？

⑮ 如果文本框里的值只能显示，用户不能更改，应该设置文本框的什么属性？

⑯ 设置文本框为多行文本框，应该如何设置？

时，输入的内容全部转换成大写；值为 Lower 时，输入的内容全部转换成小写。比如，在安装软件时，对于序列号，即便是输入了小写字母，也都被显示成大写字母，就可以使用这种属性。⑰

⑰ 为了方便用户操作，忽略用户输入字母的大小写，一律改成小写，这时应该设置文本框的什么属性？

下面介绍 TextBox 控件的常用事件。

（1）TextChanged 事件：是 TextBox 控件的默认事件，文本框中的文本发生变化时，引发此事件。

（2）Validating 事件：当控件正在验证时发生。如果要验证在文本框中输入的值是否符合要求，就可以使用此事件。

TextBox 控件的常用方法有：

（1）Clear 方法：清除文本框中的所有文本。

（2）Focus 方法：为文本框获取焦点。

【例 1-2】现在仍然是对任务 1-4 进行完善，要求用户输入的账号和密码的长度不超过 10 个字符。如果输入的账号长度大于等于 10，当光标从用户名文本框中移走时，就会提示账号输入有误；如果输入的密码长度大于等于 10，当光标从密码文本框中移走时，就会提示密码输入有误。运行效果如图 1-27 所示。

图 1-27 验证文本框输入的长度

具体步骤如下：

（1）打开 Chapter1 解决方案，添加项目名称为"Exa1-2"，设为启动项目。

（2）设置窗体的 Text 属性为"用户登录"，然后将任务 1-4 中的窗体控件全部选中并复制粘贴到这个窗体中，双击"登录"按钮，在大括号处添加任务 1-4 中对应事件的代码，双击"取消"按钮，在大括号处添加任务 1-4 中对应事件的代码，使其能够正常运行。

（3）界面完善。

● 向窗体中添加两个 Label 控件，设置 Name 属性分别为"LabName""LabPass"，设置 Text 属性都为" "，设置 ForeColor 属性为红色。

● 选中账号文本框,在"属性"窗口中选中 Validating 事件,双击进入事件处理程序中,写入如下代码:⑱

```
private void TxtName_Validating(object sender, CancelEventArgs e)
{//账号文本框验证
if (TxtName.TextLength < 10)
//判断用户输入的文本框长度是否小于 10 ⑲
{
LabName.Text = ""; //Label 标签显示为空
}
else
{
LabName.Text = "用户名长度要小于 10!";
//在标签上显示提示信息
TxtName.Focus();//账号文本框获取焦点
}
}
```

边学边做

⑱ Validating 事件表示什么意思?
_____
_____
_____

⑲ 代码 if (TxtName.TextLength < 10)表示什么意思?
_____
_____
_____

● 选中密码文本框,在"属性"窗口中选中 Validating 事件,双击进入事件处理程序,编写代码。具体代码如下:

```
//密码文本框验证
private void TxtPassword_Validating(object sender, CancelEventArgs e)
{ //判断用户输入的密码框长度是否小于 10
if (TxtPassword.TextLength < 10)
{
LabPass.Text = "";//Label 标签显示为空
}else
{
LabPass.Text = "密码长度要小于 10!";//在标签上显示提示信息
TxtPassword.Focus();//密码文本框获取焦点
}
}
```

(4)分析代码。以上代码主要通过 Validating 事件对文本框进行长度的验证,如果输入的长度大于等于 10,在标签中进行提示,利用 Focus 设置焦点,保证焦点不转移,直到用户输入的长度满足要求为止。

7. Button 控件

Button 控件允许用户通过单击来执行操作。Button 控件既可以显示文本,又可以显示图像。当该按钮被单击时,它看起来像是被按下,然后被释放。每当用户单击按钮时,即调用

边学边做

① 在窗体上添加一个按钮,双击,观察光标所处的位置,说出它对应的默认

Click 事件处理程序。可将代码放入 Click 事件处理程序来执行所选择的任意操作。①

Button 控件在前面已经多次使用,还有下面这几个属性在应用中应注意:

(1) Text 属性:获取或设置按钮上的文本。如果设置访问键,则需在字母前加"&",这样用户就可以使用 Alt 和带下划线的字母组合键来单击按钮了。例如,如果设置按钮的 Text 属性为"&Search",按钮文本显示时,S 会加下划线,当按下 Alt+S 组合键时,就会单击这个按钮,执行相关的操作。此时控件的 UseMnemonic 属性设置为 True 才可以。②

(2) FlatStyle 属性:指示按钮控件的外观。其值为 FlatStyle 值之一,默认值为 standard。③

- Flat:按钮以平面显示,如图 1-28 所示。
- Popup:按钮以平面显示,但鼠标指针移动到按钮时,按钮就会向上凸起,如图 1-28 所示。
- Standard:按钮外观为三维。
- System:按钮的外观是由用户的操作系统决定的。

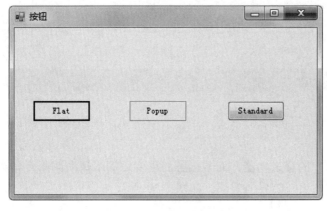

图 1-28 按钮样式

(3) Enabled 属性:指示控件是否可用,默认值为 True。如果为 False,表示控件不可用,文本显示灰色。在程序中使用时,如果满足一定的条件,把该属性设置为 True,则控件又可以正常使用了,这样可以控制用户的使用权限和操作次序。④

关键术语

窗体:Form
属性:Properties
事件:Event

事件是什么。
_____
_____
_____

② 运行窗体,当用户按下 Alt+A 组合键时,执行按钮的单击事件,应该如何设置这个快捷键?
_____
_____
_____

③ 如果要设置按钮的外观以平面显示,应该如何设置?
_____
_____
_____

④ 在窗体中,如果设置按钮控件不可用,应该设置按钮为什么属性?
_____
_____
_____

方法：Method

控件：Control

实训项目

设计一个简易计算器，可以实现加、减、乘、除等运算，不用美化控件外观。如图 1-29 所示。

图 1-29　简易计算器

任务 1-5　美化登录界面

任务分析

在任务 1-4 中，实现了用户的登录功能，而本任务的主要目的就是在前面任务的基础上对用户界面进行美化，达到更好的界面效果。如图 1-30 所示。

图 1-30　用户登录界面

任务实现

（1）打开 Chapter1 解决方案，添加项目名称为"Task1-5"，设为启动项目。

（2）界面设计。

- 设置窗体的 Text 属性为"用户登录"，然后将任务 1-4 中的窗体控件全部选中，并复制粘贴到这个窗体中，双击"登录"按钮，在大括号处添加任务 1-4 中对应事件的代码，双击"取消"按钮，在大括号处添加任务 1-4 中对应事件的代码，使其能够正常运行。
- 选中窗体，设置 BackColor 属性为"224, 224, 224"。①
- 选中 TxtName、TxtPassword 文本框，设置 BorderStyle 属性为"FixedSingle"。②
- 选中 BtnLogin、BtnCancel 按钮，设置 FlatStyle 属性为"Flat"，设置 BackColor 属性为"192, 192, 255"。③

边做边想

① 设置窗体背景颜色为"224, 224, 224"，你自己操作一下，看看是什么颜色？
_____
_____
_____

② 在你创建的窗体中添加文本框控件，并且设置文本框的 BorderStyle 属性值为"Fixed3D"，观察它的样式有什么不同？
_____
_____
_____

③ 在本次任务中,设置按钮的 FlatStyle 属性为"Flat"，还可以设置成什么？自己动手操作。
_____
_____
_____

（3）编写程序代码。

编写"登录"按钮的 Click 事件：双击 BtnLogin 按钮，在 Click 事件中编写如下代码：

```
1   private void BtnLogin_Click(object sender, EventArgs e)
2   {
3       if (TxtName.Text.Trim() == "" || TxtPassword.Text.Trim() == "")
4       {
5           MessageBox.Show("请输入用户名或密码", "提示");
6           TxtName.Focus();
7       }
8       else
9       {
10          if (TxtName.Text.Trim() == "student" && TxtPassword.Text.Trim() == "12345")
11              MessageBox.Show("您登录成功！", "提示");
```

```
12      else
13          {
14              MessageBox.Show("您登录失败！", "提示");
15              TxtName.Focus();
16          }
17      }
18  }
```

编写"取消"按钮的 Click 事件：双击 BtnCancel 按钮，在 Click 事件中编写如下代码：

```
private void BtnCancel_Click(object sender, EventArgs e)
    {
        TxtName.Clear();
        TxtPassword.Clear();
        TxtName.Focus();
    }
```

（4）运行效果。

如果用户输入的用户名或密码为空，则弹出"请输入用户名或密码"消息框；如果用户输入的用户名、密码分别是 student、12345，则弹出"您登录成功！"消息框，否则提示失败。

代码分析

与任务 1-4 解释相同。

在程序设计过程中，不仅完成相应的功能，还要注意界面的友好性和可观赏性，本例中焦点的设置和控件的背景及边框的设置充分说明了这一点。下面对控件的一些共有属性做一些详细的讲解。

相关知识：控件的共有属性

属性就是控件的特征。Visual Studio 2022 的"属性"面板中列出了各种控件（窗体）对应的属性，可以方便地对控件的属性进行设置。下面具体介绍控件最常用的一些属性的用途及设置方法。

1. AutoSize 属性

AutoSize 属性用于设置控件是否可以自动调整大小以适应其内容的大小，取布尔值 true 或 false，默认值为 false。例如，从工具箱中拖拽一个 Button 按钮控件到窗体界面上，生成 Button1 对象，将窗体的属性 Text 设置为"AutoSize 属性"，将按钮 Button1 的属性 Text 设置为"AutoSize 属性"，此时由于按钮默认的宽度小于字符串"AutoSize 属性"的大小，所以只

边学边做

① AutoSize 属性起到什么作用，如果控件的默认宽度小于字符串的大小，应该怎样设置使字符串的内容全部显示出来。请具体操作。

_____
_____
_____

显示部分内容，如图 1-31 所示；然后将按钮 Button1 的 AutoSize 属性设置为"true"，此时 Button1 可以自动调整大小，以适应其内容的大小，显示效果如图 1-32 所示。①

图 1-31　默认为 false 的形式　　　图 1-32　设置为 true 的形式

2. BackColor 和 ForeColor 属性

BackColor 属性用于设置控件的背景色，ForeColor 属性用于设置控件的前景色，一般指的是控件中的文字的颜色。例如，从工具箱中选择"TextBox"控件，将其拖拽到窗体上，将窗体的属性"Text"设置为"BackColor 和 ForeColor 属性"；在窗体上选择"TextBox"控件，在属性面板中，单击"BackColor 属性"右侧的 ✔ 按钮，弹出一个颜色列表，如图 1-33 所示。

默认的是系统颜色列表，单击颜色表的"Web"或"自定义"选项卡，可以使用最适合网络应用的颜色和最丰富的自定义颜色，如图 1-34 所示。②

边学边做

② 向窗体中添加一个 Button 控件，设置其背景颜色为蓝色，应该如何设置？具体有几种方法？
_____
_____
_____

③ 向窗体中添加一个 Label 控件，设置 Text 属性为"前景颜色"，使文字的显示颜色为红色，应该如何设置？具体有几种方法？
_____
_____

图 1-33　颜色选择对话框　　图 1-34　自定义颜色选择框

选择其中任意一个颜色后，文本框的颜色改变。然后选择 ForeColor 属性，取其中一个合适的颜色，在文本框中输入文字"王大鹏"后，显示效果如图 1-35 所示。③

图 1-35　颜色改变后的标签效果

④ 在本次任务中，如果用户把鼠标移到"登录"按钮，显示的光标为帮助样式，应该如何设置？
_____
_____
_____

3. Cursor 属性

Cursor 属性用于获取或设置鼠标指针位于控件上显示的光标，默认值为 Default（箭头）。单击右侧的下拉按钮，会弹出一个可供选择的指针样式列表，如图 1-36 所示。如果选择 Cross，那么在程序运行后的窗口中，当鼠标指针位于按钮上时，显示的光标是。④

⑤ 如果想要设置文本框的值不能被用户修改，应该如何设置？请进行操作验证。
_____
_____
_____

4. Enabled 属性

Enabled 属性表示控件是否对用户交互做出反应，值为布尔型常量 true 或 false，默认值为 true。例如，把文本框的 Enabled 属性设置为 false，运行程序后，文本框中不能获取光标，用户不能输入内容，从而无法进行交互，结果如图 1-37 所示。⑤

5. Font 属性

Font 属性用于获取或设置控件显示文字的字体。左侧的图标表示折叠，单击图标后，显示出所有 Font 定义的内容，可以分别进行设置，如图 1-38 所示。⑥

⑥ 在本次任务中，如果设置"账号"为"宋体""12 pt"，应该如何设置？
_____
_____
_____

图 1-36　指针样式列表

图 1-37　禁止输入的 TextBox 样式

图 1-38　Font 属性展开效果

6. Name 属性

Name 属性用于获取或设置控件的名称。程序代码中通过该属性访问对应的控件，一般对 Name 属性的命名规则是取控件的类型名称的缩写字母连接具体的功能对应的英文单词，单词的首字母大写。例如，输入姓名的文本框的 Name 属性值可以是"txtName"，"确定"按钮的 Name 属性值可以是"btnOK"等。

7. Text 属性

Text 属性用于获取或设置此控件相关联的文本。如果是文本框，此属性表示文本框中显示的文本；如果是按钮，此属性表示按钮上显示的文本；如果是标签，此属性表示标签显示的文本等。如图 1-39 所示。在属性面板中，把标签 label1 和 label2 的 Text 属性值改为"用户名"和"密码"，把文本框的 Text 属性设置为空，把两个按钮的 Text 属性分别设置为"确定"和"重置"。

图 1-39　控件的 Text 属性设置

8. TextAlign 属性

TextAlign 属性用于获取或设置控件中文本的对齐方式。默认值为 Left（左对齐），可以选择的值有 Left（左对齐）、Right（右对齐）、Center（居中对齐），如图 1-40 所示。⑦

边学边做

⑦ 观察文本框默认显示文字的位置，如果在文本框中显示的文字为居中显示，应该设置什么属性？
_____
_____
_____

图 1-40　不同对齐方式显示效果

9. Visible 属性

Visible 属性指示控件在运行时是否可见。默认值为 true，取值为布尔值 true 或 false。⑧

10. Location 和 Size 属性

Location 属性用于设置属性控件左上角的坐标位置，坐标位置以控件的容器左上角为坐标原点。Location 值是用逗号隔开的两个数值，表示 X 和 Y 坐标值。打开折叠的加号图标，显示对应的 X 和 Y 的值，如图 1-41 所示。Size 属性用于设置控件的大小，值用两个数值加逗号隔开表示，用来表示控件的宽度和高度。同样，打开折叠按钮，显示对应的 Width（宽度）和 Height（高度）属性值，如图 1-42 所示。

边学边做

⑧ 如果想要设置窗体中的控件在符合条件时显示，其他时候隐藏，应该怎样写代码设置？
_____
_____
_____

图 1-41　Location 属性设置方式　　图 1-42　Size 属性设置方式

关键术语

属性:Properties
光标:Cursor

实训项目

按照 Windows 操作系统的计算器设计界面,如图 1-43 所示。

图 1-43 计算器

第 2 章　数据类型与运算符

技能目标
- ✓ 能够熟练、准确地进行数据类型的转换
- ✓ 能够准确使用常量和变量编写程序
- ✓ 能够快速、准确地调试程序并修改其中的错误

知识目标
- ✓ 掌握 C#中常见的数据类型及其用法
- ✓ 掌握常量和变量的定义及其用法
- ✓ 掌握 C#中常见的运算符
- ✓ 掌握程序错误的分类及程序调试的方法

素质目标
- ✓ 能够根据程序需求确定变量的类型和数量
- ✓ 能够使用 MSDN 帮助系统协助分析程序错误
- ✓ 耐心、细致地解决问题

任务 2-1　设计整数计算器

任务分析

　　整数计算器具有进行整数之间加、减、乘、除运算的功能。要实现这个功能，需由用户输入进行运算的两个整数，并且选择运算类型，最后将运算结果反馈给用户。可采用图 2-1 所示的程序界面。

图 2-1　任务 2-1 界面效果图

任务实现

（1）新建"Windows 应用程序"项目，解决方案的名称为"Chapter2"，项目名称为"Task2-1"。

（2）参考图 2-1 设计程序界面，控件的各属性设置见表 2-1。

表 2-1 控件的各属性设置

序号	控件类型	主要属性	属性值
1	Form1	Text	简单的整数计算器
2	Label	Text	操作数 1：
		Name	LblFirstNum
3	Label	Text	操作数 2：
		Name	LblSecondNum
4	Label	Text	运算结果为：
		Name	LblResult
5	TextBox	Name	TxtFirstNum
6	TextBox	Name	TxtSecondNum
7	Button	Name	BtnAdd
		Text	＋
8	Button	Name	BtnSubtract
		Text	－
9	Button	Name	BtnMultiply
		Text	×
10	Button	Name	BtnDivide
		Text	÷

（3）编写程序代码。

在窗体上双击"BtnAdd"按钮，切换到"Form1.cs"代码窗口，光标自动在"private void BtnAdd_Click(object sender, EventArgs e)"下的一对大括号之间闪烁，在光标闪烁处输入如下代码（"//"后面的注释可以不输入）（前面的行号不需要输入）：①

```
1   int IntFirstNum, IntSecondNum,IntResult;   //定义三个整型变量
2   IntFirstNum = int.Parse(TxtFirstNum.Text); ②
//将输入的操作数 1 转换成整型，以便运算
3   IntSecondNum = int.Parse(TxtSecondNum.Text); /
/将输入的操作数 2 转换成整型
4   IntResult = IntFirstNum + IntSecondNum;    //执行加法
5   LblResult.Text = LblResult.Text + IntResult.ToString();③④
```

边做边想

① 编写按钮的 Click 事件，除了在设计窗口中双击按钮进入 Click 事件的代码窗口外，还可以通过什么方式进入事件的代码窗口？

_____

_____

②"BtnAdd"按钮的 Click 事件中第 2 行代码中，TxtFirstNum.Text 是什么数据类型？int.Parse()的作用是什

//显示结果

用同样的方法编写"BtnSubtract""BtnMultiply""BtnDivide"的Click事件，代码如下：（注意Click事件的声明是系统自动生成的代码，不需要输入）

```csharp
private void BtnSubtract_Click(object sender, EventArgs e)      //减法
{
    int IntFirstNum, IntSecondNum, IntResult;
    IntFirstNum = int.Parse(TxtFirstNum.Text);
    IntSecondNum = int.Parse(TxtSecondNum.Text);
    IntResult = IntFirstNum - IntSecondNum;      //执行减法
    LblResult.Text = LblResult.Text + IntResult.ToString();
}
private void BtnMultiply_Click(object sender, EventArgs e)      //乘法
{
    int IntFirstNum, IntSecondNum, IntResult;
    IntFirstNum = int.Parse(TxtFirstNum.Text);
    IntSecondNum = int.Parse(TxtSecondNum.Text);
    IntResult = IntFirstNum * IntSecondNum;      //执行乘法
    LblResult.Text = LblResult.Text + IntResult.ToString();
}
private void BtnDivide_Click(object sender, EventArgs e)      //除法
{
    int IntFirstNum, IntSecondNum, IntResult;
    IntFirstNum = int.Parse(TxtFirstNum.Text);
    IntSecondNum = int.Parse(TxtSecondNum.Text);
    IntResult = IntFirstNum / IntSecondNum;  ⑤    //执行除法
    LblResult.Text = LblResult.Text + IntResult.ToString();
}
```

么？
_____
_____
_____

③"BtnAdd"按钮的Click事件中第5行代码中，IntResult.ToString()的作用是什么？为什么要这样做？
_____
_____
_____
_____

④"+"运算符的作用是什么？该语句可以写成"LblResult.Text = IntResult.ToString();"吗？为什么？
_____
_____
_____

⑤在做除法运算时，操作数2中输入的数值为0时，程序运行时会产生什么样的结果？该如何处理？
_____
_____
_____

（4）运行程序。

按F5键，运行程序，输入操作数1为"122"，操作数2为"234"，单击"+"按钮，运行结果如图2-2所示。

（5）保存项目。

> **提示**：为了保持代码结构清晰，本书中给出的程序代码，不仅包含了用来实现功能的用户代码，也包括一些事件声明等系统自动生成的代码，大家在进行练习的时候，一定要注意仔细认真，不能重复输入。如后面三个"减""乘""除"按钮的Click事件，在设计窗口双击进入Click事件的代码窗口时，"private void BtnDivide_Click(object sender, EventArgs e)"等事件声明代码就已经自动生成了。在后面的例子中，也会是同样的书写形式。

图 2-2 "Task2-1" 运行结果示例

代码分析

对"BtnAdd"加法按钮的 Click 事件包含的 5 条语句进行分析。第 1 条语句定义了三个整型变量，变量名分别为"IntFirstNum""IntSecondNum""IntResult"，用来存放操作数 1、操作数 2 和运算结果的值；第 2 条语句将用户输入的操作数 1 转换成整型后，存放在变量"IntFirstNum"中；第 3 条语句将用户输入的操作数 2 转换成整型后，存放在变量"IntSecondNum"中；第 4 条语句是操作数 1 和操作数 2 相加，结果存放到变量"IntResult"中；第 5 条语句将结果显示给用户。

这个程序虽然功能简单，但是这几条代码中却包含了很多程序设计语法的基础知识，如数据类型、变量、表达式和运算符等，下面将详细介绍。

相关知识：数据类型、常量与变量、数据类型转换、运算符与表达式

1. 数据类型

数据是计算机程序处理的对象，也是运算产生的结果。为了更好地处理各类数据，C#定义了多种数据类型。不同的数据类型所占用的存储空间是不同的，系统执行数据处理的方法也是不同的。因此，在使用数据时，必须先对其类型进行说明或定义。系统执行的各种数据运算只能在相同或相容的数据类型之间进行，否则将发生错误。对于初学者来说，深刻领会数据类型的概念是非常重要的。

C#中的数据类型包括值类型和引用类型，简单地说，值类型就是直接存储数据的具体值。根据数据的性质，可以分成 4 类：数值型数据、字符型数据、布尔型（逻辑型）数据和对象型数据。

1）数值型数据

数值型数据又分为两种：整数类型和实数类型。

● 整数类型

整数类型的数据就是平时所说的整数，不带小数点的数值。C#支持 8 种整数类型，见表 2-2。

表 2-2 整数类型

类型名称	位数	取 值 范 围	占用空间/字节
sbyte	8 位	0～255	1
byte	8 位	−128～127	1
short	16 位	−32 768～32 767	2
ushort	16 位	0～65 535	2
int	32 位	−2 147 483 648～2 147 483 647	4
uint	32 位	0～4 294 967 295	4
long	64 位	−9 223 372 036 854 775 808～9 223 372 036 854 775 807	8
ulong	64 位	0～18 446 744 073 709 551 615	8

不同的整数类型表示的取值范围不同，根据程序对整数范围的实际需要，选择所需要的类型。例如，在上面的"Task2-1"中，定义的是"int"类型的整数，也就是说，这个整数计算器可以进行"−2 147 483 648～2 147 483 647"范围内整数的加、减、乘、除四则运算，当输入的数值不在此范围时，出现"值对于 Int32 太大或太小"的错误提示信息。大家可以有目的性地试验一下。（由于定义的运算结果也是"int"型，因此运算结果的值也应在此范围内，超过范围会导致错误。）①

- 实数类型

实数类型是同时使用整数部分和小数部分来表示数字的类型。C#支持 3 种实数类型，见表 2-3。

表 2-3 实数类型

类型	有效数字	取 值 范 围	占用空间/字节
float	7 位	1.5×10^{-45}～3.4×10^{38}	4
double	15 位或 16 位	5.0×10^{-324}～1.7×10^{308}	8
decimal	28 位或 29 位	1.0×10^{-28}～7.9×10^{28}	12

float 是单精度浮点型，double 是双精度浮点型。②

2）字符型数据

字符型数据包括单个字符类型与字符串类型。

- 单个字符类型 char

char 类型数据是 0～65 535 之间的 Unicode 字符集中的单

边学边做

① 将"Task2-1"中的 3 个变量 "IntFirstNum" "IntSecond Num" "IntResult" 的数据类型改为 byte，在存放操作数1和操作数2的文本框中分别输入 128 和 1，执行加、减、乘、除运算的结果分别是什么？为什么会出现这样的结果？

_____
_____

② 在"Task2-1"中，如果输入的操作数为包含小数点的实数，那么会出现什么类型错误？该如何解决？

_____
_____

个字符，占用 2 个字节，键盘上的字母、数字和符号都可以看成是 char 类型。

为了表示单引号和反斜杠等特殊的字符，C#提供了转义字符。转义字符是以反斜杠"\"开头的字符序列，见表 2-4。③

③ 使用转义字符来输出字符串"ab"，然后换行，再输出"c"，该如何表示？

表 2-4 转义字符常量

字符形式	字符含义	字符形式	字符含义
\n	换行	\f	换页符
\'	单引号	\a	报警（铃声）
\"	双引号	\r	回车
\\	反斜杠	\0	空字符
\b	退格键	\t	水平方向的制表符

转义字符表达的不是字符表面的意义，而是那些不能直接表示的字符。例如，要在程序中显示""，则

LblResult.Text=""""   //错误，错误信息，"常量中有换行符"
LblResult.Text="\""   //正确

- 字符串类型 string

string 类型数据是指任意长度的 Unicode 字符序列，占用字节根据字符多少而定。它表示包括数字与空格在内的若干个字符序列，允许只包含一个字符的字符串，也可以是不包含字符的空字符串。空字符串用连续的两个双引号表示。

3）布尔（逻辑）型数据

运用前面学习的数据类型可以表示数字，也可以表示字符串，但在实际运用中，常常会遇到表示"真假""是否"和"开关"等信息，比如，"李明考试成绩是 90 分以上吗？"这个问题的结果是唯一的，要么是"是"，要么是"否"，那么在程序中如何表示该类数据呢？这时就需要一种数据类型，专门用来表示真和假，C#中称该数据类型为布尔类型，使用 bool 关键字表示，其取值只能取 true 和 false 之一。

4）对象型数据

object（对象型）可以表示任何类型的值，它占用的字节视表示的具体数据而定。object 是所有其他类型的终极类。

5）如何根据实际需要选择合适的数据类型

不同的数据类型，有不同的处理方式，也就是用不同的命令来处理。那么如何根据实际需要来选择合适的数据类型呢？比如，要进行图片的处理，就需要选择 image 对象类型；处理学生的成绩，需要选择 float 类型来表示成绩；选择 string 类型来表示学生姓名；选择 int 类型来表示学生的年龄。有的时候，还可能会有多种选择，比如，表示年龄，可以用 byte、int、ushort、float 型等。因为像年龄这样的数据，既可以看成是正整数，

也可以看成是无符号的整数，还可以看成小数点后为 0 的实数，那么这时需要如何选择呢？在表 2-1 中，列出了每种数据类型占用的内存字节数，进行选择时，选择占用字节空间最少的一种类型，这样可以减少程序的容量。

2．常量与变量

1）常量

在程序运行过程中，其值不能被改变的量称为常量。常量有两种：直接常量和符号常量。

- 直接常量

直接常量就是数据值本身。常见的直接常量有数值常量、字符常量、字符串常量和布尔常量。如 123，399 为整型常量；–102.5，3.14 为实数常量；'a'，'&' 为字符常量（注意，用单引号界定）；"a"，"北京" 为字符串常量（注意，用英文半角状态下输入的双引号）。④

C#支持两种形式的字符串常量：

（1）常规字符串常量。放在双引号之间的一串字符，就是一个常规字符串常量，比如 "hello,world!"。

（2）逐字字符串常量。逐字字符串常量以@开头，后跟一对双引号，在双引号中放入字符。如@"How do you do"。逐字字符串常量同常规字符串常量的区别在于：逐字字符串常量的双引号中，每个字符都代表其原始含义，其内容被接收时是不变的，而常规字符串常量则不然。

String str1="hello\tworld";//输出结果为：hello   world
String str2=@"hello\tworld"//输出结果为：hello\tworld ⑤

边学边做

④ 试问直接常量 'abc' 是什么类型的常量？为什么？

_____
_____
_____

⑤ 转义字符 "\t" 表示什么？使用逐字字符串来输出字符 "ab\nc"。

_____
_____
_____

提示：在 C#中，整型常量默认为 int 型，如果数字需要明确指定某种整数数据类型，可以在数字的后边加上类型标识，如 1234l 或 1234L 表示 64 位有符号整数。实数常量默认为 double 型，如果要指定为 float 类型，可在小数数字后加 f 或 F，如 12.34f 或 12.34F。在程序中使用时，应注意与其他数值类型的转换。

- 符号常量

在程序中，需要反复使用一些常数值，或者使用一些没有明确意义的数字，此时可以用一串有意义的字符来表示那些需要反复使用的常数值或者没有意义的数字，这样可以增强代码的可读性、可修改性和可维护性，使程序清晰。例如，在程序中大量地使用圆周率进行计算，就可以声明字符串"PI"来代替圆周率，一方面，可以防止把 3.141 59 写成 3.141 56 这样的拼写输入错误，同时，在多次使用时，也可以保证整个程序使用的都是同一个正确的圆周率；另一方面，假设由于要求更高的精度，需要把原来使用的 3.14 改为 3.141 592 6，这时只需要将该字符串值修改为 3.1415926 即可。这个有意义的字符串就是符号常量，用来代替在程序中多次使用的数值常数或字符串常数。

符号常量在使用前需要用 CONST 进行声明，方法如下：
CONST 类型 常量名=常数或表达式（注意空格）

可以把符号常量的声明看成由四要素组成：使用 CONST 关键字；指出常量的类型，只能是数值型和字符型；用一串有意义的字符来表示常量的名字；常量所代表的值。

在实际的编程工作中，常量名都是使用大写字母，或者在每个单词之间用下划线分隔，这样就能很容易地根据常量名来分析常量的作用。例如：

CONST int MIN_AGE=18   //声明一个表示最小年龄的整型常量
CONST string CITYNAME = "青岛"   //声明一个表示城市名的字符串常量

2）变量

刚才讲的符号常量，是用一串有意义的字符来代替一个具体的值，这个字符串所代表的值在程序中是不可改变的。如果用一串有意义的字符来表示一个值，并且该字符串所代表的值可以在程序中不断变化，那么就把这个字符串叫作变量。在使用变量前，也需要首先声明变量。

- 变量声明

变量声明的一般格式为：

类型 变量名

如：

int i;   //声明一个整型变量，变量名为 i
string studentname;   //声明一个字符串变量，变量名 studentname ⑥

边学边做

⑥ 声明字符串类型的变量 x，声明 double 类型的变量 y，写出声明语句。

_____

_____

_____

可以把相同类型的变量声明在一起，相互之间用逗号分隔。如：

int i,j,k;   //声明 3 个整型变量 i、j、k

在程序"Task2-1"中，使用下面的语句同时声明了三个整型变量：

int IntFirstNum, IntSecondNum,IntResult;

- 变量命名

在写程序时，会使用大量的变量，因此变量的命名显得非常重要。C#中变量的命名规则为：以字母或下划线开头，其后跟有若干个字母、数字或下划线。

根据不同的变量类型，以前缀的形式对变量命名是一种常见的方法。变量名由两部分组成：表示类型的前缀，以及变量的用途。比如"IntAge"用来表示年龄的整型变量；"StrName"用来表示姓名的字符串变量。表 2-5 列出了一些习惯上使用的类型前缀，读者可参考。

表 2-5 类型前缀

数 据 类 型	前 缀	变量名示例
int	Int	IntCount
long	Lng	LngPeopleNum
double	Dbl	DblIncome
bool	Bln	BlnIsOpen

续表

数 据 类 型	前 缀	变量名示例
object	Obj	ObjMyStudent
float	Flt	FltMoney
string	Str	StrName

- 给变量赋值

可以在声明变量的同时对它进行赋值,这又称为初始化。如:

int i=100;   //声明一个整型变量 i,并把它的初值设为 100
int i=50,j=60,k=100;   //声明 3 个变量,并同时赋值
int i,j,k=100;   //只给 k 赋值,i 和 j 只声明,未赋值

也可以在程序中使用"="为变量赋值。如:

string StrYourName
StrYourName="张艺谋";

如果多个变量的值相同,也可以这样写:

int i,j,k;
i=j=k=100;   //把 3 个变量都赋值为 100

在将变量赋值为常数时,有两点需要注意:

一是使用正确形式给变量赋值,对于数值型变量,直接在等号的后面写上数字,如前面的"int i=50;";对于字符串型变量,要用双引号把字符串常量扩起来,如前面的"StrYourName="张艺谋";";字符型变量,用单引号扩起来,如"ChrKeyBoard='A';"。(注意,使用英文状态下的双引号和单引号)。如果赋值形式不正确,将出现编译错误信息。如:

int i;
i=3.5;   //错误,"无法将 double 类型转换为 int 类型,存在一个
//显式转换"
char a="a";   //错误,"无法将 string 类型隐式转换为 char"
string myname='xiaowang';   //错误,"字符文本中的字符太多" ⑦

边学边做

⑦ 改为正确赋值。

_____
_____
_____

二是使用类型后缀对系统默认的数值型常数进行转换,前文中已经提到(参见"直接常量"的提示部分),C#系统会将整型常量默认为 int 型,将实数常量默认为 double 型,那么当给其他的数值类型赋值常数时,应用后缀指明其类型。如声明了一个 float 类型的常量 FltCute,当给该变量赋值 0.5 时,应使用如下形式:

float FltCute;
FltCute=0.5f;   /*数字 0.5 的后面有一个字符"f"(大写"F"也可以),表示将默认的 double 型转换为 float 型。如果没有这个 f,会出现"不能隐式地将 double 类型转换为 float 类型,请使用 F 后缀创建此类型"的编译错误。*/

在使用变量时,一个要点就是变量所代表的值。变量的值可以有 4 种来源:一是直

接常量。如上面的几个例子中，都是在变量声明的时候给变量赋值为某个直接常量。

二是其他的变量。如：

int a,b;   //定义两个整型变量
b=3;   //赋值变量 b 为常数 3
a=b;   //变量 a 的值来源于变量 b；a，b 的值相同

三是用户的输入。例如，在程序"Task2-1"中，变量"IntFirstNum""IntSecondNum"的值分别来源于用户输入的操作数 1 和操作数 2（用户在文本框中输入的数值，以字符串的形式存放在文本框 TextBox 的 Text 属性中，所以需要用 int.Parse 方法转换成 int 型）。

IntFirstNum = int.Parse(TxtFirstNum.Text);
IntSecondNum = int.Parse(TxtSecondNum.Text);

四是经过运算后的表达式。例如，在程序"Task2-1"中，变量"IntResult"的值来源于操作数 1 和操作数 2 进行四则运算的表达式。又如：

int a,b;
b=3;
a=b*2;   //a 的值为 6
a=a+1;   //a 的值为 7，等号后面的 a 为原来的值，等号前面的 a 赋运算后的值

3．数据类型转换

在表达式中，当混合使用不同类型的数据时，需要对数据类型进行转换。C#中数据类型的转换可以分为两类：隐式转换和显式转换。

1）隐式转换

隐式转换指的是 C#内部实现的将一种类型转换为另一种类型的过程，它不需要人为地编写代码去实现。隐式转换可能在多种情况下发生，包括在赋值语句、数据间混合运算及调用方法时。如表达式：

double d=10f + 9 + 'a' + 2.5

由于等号左边变量 d 是一个 double 类型，所以右边表达式的计算结果必须是一个 double 类型。由于各种数据类型间无法进行混合运算，所以，在运算之前必须把每个数据转换为同一种同时可以包容这几种数据的类型，2.5 默认为 double 型，所有类型将先转换为 double 型后再进行运算。

10f 是一个 float 类型，它将被隐式转换为 double 型再进行运算。9 被计算机认为是 32 位整型 int，在这里也需要被隐式地转化为 double 型。'a'是一个字符型数据，也可以隐式地转换为 double 型，'a'的 Unicode 编码是 97，这里它将被转换为双精度浮点数 97。2.5 是一个实型常数，如果没有后缀，计算机默认将一个实型常数认作是 double 型，不需要进行隐式转换。最终，表达式转换为 10d+9d+97d+2.5d，运算结果为 118.5d。⑧

从以上例子可以看出隐式转换的规则：

边学边做

⑧

double x,y;
int a=7;
x=2.5;
y=4.7;

表达式 x+a%3*(int)(x+y)%2/4 的结果是多少？为什么？

_____

- 在非赋值运算中，进行运算前，先对运算符两边的操作数类型进行比较，将两个操作数都转换为同一种数据类型，然后进行运算，这种转化是向上的，即 char、short 转化为 int 型，int 转化为 unsigned 型，unsigned 转化为 long 型，long 和 float 转化为 double 型。
- 在赋值运算中，右边的数值将转换为与左边变量相同的数据类型，再将其赋予左边的变量。需要注意的是，如果右边的数值超过左边变量所能表达的数值范围，则将对其进行适当的截取处理后再进行赋值。

可以简单地总结成以下几条规律：
- 整型可隐式转换为任何数值数据类型；
- 在整型或实数类型数据中，精度低的数据类型可隐式转换为精度高的数据类型；
- 不存在实数类型到整型的隐式转换；
- 不存在到 char 类型的隐式转换；
- 不能将占用较大存储空间的类型隐式转换为占用较小存储空间的类型。

2）显式转换

当程序设计中需要将表达式的值转换为某一种特定类型时，隐式转换就不一定能产生正确的结果，例如：

float a=2.1f,b=3f;
int c;
c=a/b;   //错误，"无法将类型 float 隐式转换为 int"

上面的代码中，当编译语句 c=a/b 时将出错，因为 a 和 b 均为 float 型，而 c 为 int 型，不能将 float 类型隐式转换为 int 类型。若要使程序正确运行，就应使用强制转换。
强制转换的格式为：

（数据类型名）数据（或表达式）

例如，上面的例子，利用强制转换 c=(int)(a/b)使其类型一致。

提示：实数类型被强制转换成整型时，小数部分被截去，类似于取整运算。

将整型转换成字符类型时，系统将其转换为 ASCII 表中对应的字符，反之亦然。
char c=(char)65;   //c 的值为 'A'
int i=(int)'a';   //i 的值为 97

但是强制转换不能转换字符串类型的数据，例如：

string s="12";
int d=(int)s;   //编译错误，"无法将类型 string 转换成 int"
string y=(string)12;   //编译错误，"无法将类型 int 转换成 string"

因此，当转换的目标类型或被转换的类型是 string 时，必须借用方法来进行转换。

3）使用方法转换数据

- Parse 方法

将字符串类型转换为数值类型，用 Parse 方法。Parse 方法的格式为：

数值类型名.Parse（字符串类型表达式）

其中,"字符串类型表达式"的值必须严格符合"数值类型名"对数值格式的要求。在任务 2-1 中,使用 Parse 方法将用户输入的操作数转换成整型,当用户输入的是带小数点的数值时,则产生了编译错误,这些读者已经体会过。⑨

边学边做

⑨ 将用户输入的操作数 1 和操作数 2 转换成 double 类型,存放在 double 类型的变量中,该如何改写语句?
_____
_____
_____

- ToString 方法

将数值类型转换为字符串类型,用 ToString 方法。ToString 方法的格式为:

变量名称.ToString()

其中,ToString 后面的括号不能省略,省略时将发生错误,错误信息为"无法将方法组 ToString 转换为 string 类型,您需要调用方法吗",同时,应注意大小写。在对表达式的运算结果进行类型转换时,输入"."后,系统不自动弹出提示框,手工输入大小写不正确时,出现"不包含 ToString 的定义"的错误。

> 提示:在对变量进行强制转换时,仅对变量的值的类型进行转换,而不是转换变量本身的类型。

4. 运算符和表达式

描述各种不同运算的符号称为运算符,表达式是用来表示某个求值规则的。运算符是表达式的组成部分,大致分为一元运算符、二元运算符。表达式的类型由运算符的类型决定,大致分为算术表达式、字符表达式、关系运算表达式、逻辑表达式、条件表达式和赋值表达式。根据表达式中使用的运算符类型的不同,把表达式分为几种不同的类型。

1) 算术运算符与算术表达式

算术表达式也称为数值型表达式,由算术运算符、数值型常量、变量、函数和圆括号组成,其运算结果为数值。算术运算符分为一元运算符和二元运算符。

- 一元运算符

一元运算符可以和一个变量构成一个表达式,常见的一元运算符有取负"−"、取正"+"、自减"−−"和自增"++",例如:

```
int x=4,y=10;
x++;              //x 的值为 5,等价于 x=x+1
−−y;              //y 的值为 9,等价于 y=y−1
```

一元运算符 x++和++x 是不同的。前者是先使用 x 的值再增量,后者是先增量再使用 x 的值,因此所得到的值也不同。例如:

```
int x1,x2,y=1;
x1=y++;           //x1 的值为 1
x2=++y;           //x2 的值为 2 ⑩
```

- 二元运算符

边学边做

⑩ 设 a=2, b=6,则表达式 (a++)*(−−b) 的结果是多少?为什么?

二元运算符是人们比较熟悉的运算符，需要两个操作数参与，通常得出一个结果。除了常用的加"+"、减"-"、乘"*"、除"/"外，还有取余运算，用"%"表示。它的优先级和乘除一样，高于加减，例如：

i=10 % 3;   //i 的值为 1

在 C#中，"%"运算符不仅支持整数型数值的运算，也支持实数型数值的运算，例如：

int i=12.5 % 2.5;   //i 的值为 0 ⑪⑫

⑪ 执行完下述语句后，i、j、k 的值分别是多少？
int i=1,j=2;
int k=i+++++j;

⑫ 下列表达式的运算结果分别为多少？
21/5_____
-21/5_____
-21/5.0_____
21/-5.2_____

2）字符串运算和字符串表达式

字符串运算符只有一个，即"+"运算符，表示将两个字符串连接起来，例如：

"北京"+"奥运会"   //连接后的结果为"北京奥运会"
"AB"+"cd"+"F"   //连接后的结果为"ABcdF"

再例如：

string str1,str2="国";
str1="中"+str2+"加油！";   //连接后的结果为"中国加油！"

3）关系运算符和关系表达式

关系运算符用于比较两个操作数之间的关系，若关系成立，则返回一个逻辑真（true）值，否则返回一个逻辑假（false）值。关系运算符共有 6 种："＞""＜""＞=""＜=""=="" !="，依次为：大于、小于、大于等于、小于等于、等于、不等于。需要注意的是，等于运算符"=="是由两个等号组成，中间不能有空格。前 4 种运算符的优先级比后两种运算符的优先级高。

关系运算符不仅可以比较数值，也可以比较字符或字符串，但是用于字符串比较时，只有"=="和"! ="两个运算符来比较两个字符串相等还是不相等。例如：

11>4   //结果为 true，数值型比较数值大小
'a' > 'b'   //结果为 false，比较字符型相对应的 ASCII 码
"ABCD"=="ABCC"   //结果为 false，字符串行从左到右逐一比较
i % 2==0   //若结果为 ture，则 i 是偶数，否则 i 为奇数

4）逻辑运算符和逻辑表达式

逻辑表达式也称为布尔表达式，是对操作数进行逻辑运算，得到的结果和关系表达式类似，返回逻辑真（true）值或逻辑假（false）值。最常用的逻辑运算符有非"!"、与"&&"、或"||"。其中，"!"的优先级最高，"||"的优先级最低。

"!"运算是求与原布尔值相反的运算，例如，! true 的值为 false。

"&&"运算是求两个布尔值都为真的运算,只有两个布尔值都为真时,结果才为真。例如,true && true 的值为 true,true && false 的值为 false,false && false 的值为 false。

"||"运算是求两个布尔值至少有一个为真的运算,只有两个布尔值都为假时才是假。例如,false || false 的值为 false,true || true 的值为 true,true || false 的值为 true。

5)赋值运算符与赋值表达式

由赋值运算符组成的表达式为赋值表达式。最常用的是简单的赋值运算符"=",其在前面的内容中已经多次使用过。另外,还有复合的赋值运算符,例如,"+=""−=""*=""%="等。

x+=y;   //等价于 x=x+y,其他减、乘、除与此类似
x%=y;   //等价于 x=x%y

在一元运算符中,x++就等价于 x=x+1。

关键术语

数据类型:Data type
变量:Variable
运算符:operator
表达式:expression

实训项目

试设计一个简单的 Windows 应用程序,求表达式(a−−)*(++b)的结果。其中两个操作数 a 和 b 从文本框中键入,单击"计算"按钮时,表达式的结果显示在标签上。程序界面设计参考图如图 2-3 所示。

图 2-3 程序界面设计参考图

任务 2-2 计算圆的面积

任务分析

已知圆半径,根据面积公式 $S=\pi r^2$,求圆的面积。由这个程序体验一下在程序中使用

数据时的常见故障、故障现象及解决办法。

任务实现

为了使读者充分理解数据的使用，首先设计一个固定半径求面积的程序，也就是说，半径不需要由用户输入，而是在程序中以常数的形式出现。

（1）打开 Chapter2 解决方案，添加项目名称为"Task2-2"，设为启动项目。

（2）界面设计，设置窗体 Form1 的 Text 属性为"计算圆的面积"。

（3）编写程序代码。

在窗体上单击，在属性窗口单击"事件"按钮，找到"Click"事件，在空白处双击，切换到代码窗口，输入如下程序代码（前面的行号不需要输入）：①

边做边想

① 你的编辑环境中是否在每行代码前显示该行的行号？如果没显示行号，如何设置显示每一行的行号？
_____
_____
_____

② 为什么 s=3.14*r*r 的计算结果是 double 类型而不是 float 类型的？
_____
_____
_____

输入以上代码，按 F5 键运行的时候，在 Visual Studio 2010 开发环境的左下角出现了一个错误列表窗口（在前面的操作中，读者可能已经见到过），如图 2-4 所示。

图 2-4　错误列表窗口

③ 为什么运行程序时是一个空白窗体，在窗体上单击才能出现"圆的面积为78.5"的信息提示框？
_____
_____
_____

错误列表中有一行错误提示："无法将类型'double'隐式转换为'float'，存在一个显式转换（是否缺少强制转换？）"，在该行错误提示上双击，将定位到出错的程序代码行"s=3.14*r*r"，也就是说，这一行代码出现了这种数据类型转换的错误，修改为"s =(float)(3.14*r*r);"。

（4）运行程序。

运行程序时，出现一个空白窗体，在此窗体任意位置单击，弹出圆面积对话框，如图 2-5 所示。③

（5）把程序中的"r=5"改成"r=10.2"，再次运行程序，此时出现的错误信息为"不能隐式地将'double'类型转换为'float'类型，请使用 F 后缀创建此类型"。根据提示，在 10.2 的后面加一个"f"后缀（大小写均可），形如"r=10.2f"，再次运行得出结果。

第2章 数据类型与运算符

图 2-5 "Task2-2" 运行结果示例

代码分析

在这个任务中,使用 MessageBox 消息类的 Show 方法向用户反馈程序的结果,也就是圆面积。Show()方法要求括号中应为字符串类型,此处使用了"+"进行字符串的连接,前面的汉字"圆的面积为"作为提示信息,直接显示出来,后面的变量"s"是计算的结果,是一种 float 类型,这里将 float 类型隐式转换为字符串类型,然后进行字符串的连接操作,即出现了显示结果。关于 MessageBox 类,在任务 2-3 中有详细的介绍。

相关知识:数据使用常见故障、程序调试

1. 数据使用时的常见故障

(1) 变量在使用前应首先赋值。

C#中要求变量赋值使用,也就是在使用变量前应首先给变量赋值,否则会出现编译错误。例如,在程序"Task2-2"中,如果把语句"r=5;"去掉(或者忘记输入),则在错误列表中出现"使用了未赋值的局部变量 r"的错误信息。①

(2) 变量的值与变量的类型要匹配,否则会导致错误。

```
int d=5.31;    //错误,因为给整型变量赋了一个实数值
char c="a";    //错误,因为给字符型变量赋了一个字符串的值②
```

(3) 明确 C#的一些默认规定。

实数型常量在 C#中默认为 double 类型,因此将实数型常量赋值给浮点型变量时,必须在实数型常量后加上类型说明,否则将产生编译错误。例如:

```
float d=3.14f;
decimal d=3.14m;
```

在程序"Task2-2"中,语句"s=3.14*r*r"出错的原因,就是 C#中默认将实数类型的常量作为 double 类型对待,也就是实数常数"3.14"作为一个 double 类型的数据,而 r、s 都

边学边做

① 有如下程序段:

```
int i;
int b=5;
i=i+b;
```

试问程序运行结果是多少?

② 赋值语句"char c=65;"是否正确?为什么?

是定义的 float 型，在表达式运算中，"3.14*r*r"中的变量 r 都被隐式地转换成 double 型，所以其运算结果也是 double 型，而变量 s 是 float 型，因此出现了"无法将类型'double'隐式转换为'float'"的错误，应该用一个强制转换。③

整数类型的常量在 C#中默认为 int 类型。在程序"Task2-2"中，当把半径"r"赋值为整数"5"时，没有发生错误，这是因为整型常数"5"被作为 int 型，然后隐式地转换成 float 类型。而将半径"r"赋值为"10.2"时，则发生了错误，其原因是该实数被作为 double 类型，而 double 类型不能隐式地转换成 float 型。④

③"Task2-2"中，是否可以使用语句 s=float.Parse(3.14*r*r);进行类型转换？为什么？
_____
_____
_____

④修改任务 2-2，要求在显示圆的面积的同时计算并显示圆的周长，用常量 PI 表示圆周率，代替常数"3.14"。
_____
_____

2．程序错误分类

程序错误可分为 3 类：语法错误、运行错误和逻辑错误。

1）语法错误

语法错误是由于编程中输入不符合语法规则的语句而产生的，如表达式不完整、缺少必要的标点符号、关键字输入错误、数据类型不匹配、循环语句或选择语句的关键字不配对、对象属性的错误使用等。

读者已经注意到，在录入程序代码的过程中，Visual Studio 2010 集成开发环境左下角的错误列表窗口，会即时地指出目前程序中存在的一些格式上的错误，并在代码窗口中出错的代码处有红色的波浪线。如缺少";"时，在错误列表窗口显示"应输入;"，这些格式上的错误都属于语法错误。（当输入";"后，错误提示信息也自动消失，这是开发环境提供的自动调试功能。）

除了在录入代码的过程中由开发环境提示一些简单的语法错误外，语法错误也可能在编译程序时被发现。在 Visual Studio 2010 集成开发环境中，按 F5 键启动调试，对程序进行编译，编译工具会对程序中的语法错误进行诊断。比如在任务 2-2 中出现的都是语法错误。

诊断结论可分为错误和警告两类。错误通常是在编译时语法不当引起的。比如，未引用命名空间、缺少括号、变量未声明等。产生错误时，编译程序会出现报错提示，根据提示对源程序进行修改即可。这类错误是最容易发现的。警告是指被编译程序怀疑有错，但不确定，有时可强行编译通过。

语法错误都显示在 Visual Studio 2010 开发环境的错误列表窗口。在错误列表的最左列，图标 ⊗ 指明出现的是错误，图标 ⚠ 指明的是警告；第 2 列是错误的序号；第 3 列是错误说明，说明发生了什么错误，调试程序主要就依靠这个说明；第 4 列说明了发生错误的文件；第 5 列和第 6 列说明了发生的错误是代码的哪一行、哪一列；第 7 列说明了出错的项目。在错误列表中双击某一行，即可将光标定位到"代码"窗口中出错的位置。

当出现编译错误时,应当仔细阅读错误提示,并从中分析错误原因。如果不熟悉错误中的提示,一方面可以通过双击错误提示来转到出错行,对出错行及上下文进行分析,以找到错误;另一方面,可以单击错误提示,再按 F1 键调出 MSDN 帮助系统来协助分析错误(前提是 MSDN 已安装,在安装 VS2010 时可同时安装)。

在 VS2010 开发环境中选中相关内容,按 F1 键,此时系统会自动在 MSDN Library 进行搜索并打开相关信息。比如,要查看 Button 控件的某个属性,可以在窗体中选中 Button 控件,按 F1 键,即可打开 Button 控件的联机帮助。如果对代码不了解,可以在代码窗口中将光标放置在要查询的代码中,按 F1 键,即可打开联机帮助中的相应内容。

2)运行错误

运行错误是指程序在运行过程中出现的错误,如进行除法运算时除数为 0、数组下标越界、文件不能打开、磁盘空间不够等。这类错误在编译程序时一般是无法发现的。由于在设计程序时,都是按 F5 键或单击工具栏上的按钮 调试并运行程序,所以,从表面上来看,很难区分哪些是语法错误,哪些是运行错误。

3)逻辑错误

程序运行后没有得到预期的结果,这说明程序存在逻辑错误。例如,使用了不正确的变量类型、指令的次序错误、循环中起终值不正确、程序设计不正确等。这类错误从语法上来说不存在错误,只是程序逻辑上存在缺陷。比如,在任务 2-1 的整数计算器中,定义了操作数 1、操作数 2、运算结果都是 int 型,而 int 型是有一个数据范围的,当两个没有超过 int 表示范围的整数相乘时,其结果可能超过了范围,但此时程序并未给出任何提示信息,程序的结果却是错误的。逻辑错误也会连带产生运行错误。

通常,逻辑错误不会产生错误提示信息,因此错误较难排除,需要程序员仔细分析程序,并借助 VS2010 开发环境提供的调试工具才可以找到出错的原因并排除错误。

关键术语

语法错误:syntax error
运行错误:run error
逻辑错误:logic error

实训项目

华氏温度和摄氏温度转换。输入以摄氏温度,输出华氏温度。摄氏温度转化为华氏温度的公式为 F=1.8×C+32。

任务 2-3 程序错误排查

任务分析

在图 2-6 所示的文本框中输入"姓名"之后,单击"确定"按钮,弹出信息提示窗口,提示信息为"××,你好,欢迎你!"。由这个程序,体验一下在程序中如何对错误进行排查。

图 2-6 "Task2-3"界面效果图

任务实现

(1) 打开 Chapter2 解决方案,添加项目名称为 "Task2-3",设为启动项目。

(2) 界面设计,参考图 2-6 所示设计程序界面,控件的各属性设置见表 2-6。

表 2-6 控件的各属性设置

序号	控件类型	主要属性	属性值
1	Form1	Text	简单错误调试
2	Label	Text	姓名:
3	TextBox	Name	TxtName
4	Button	Name	BtnOk
		Text	确定

(3) 在窗体上双击"BtnOk"按钮,进入代码窗口,输入如下代码(大小写都一致):

```
private void BtnOk_Click(object sender, EventArgs e)
{
MessageBox .shoe(txtnam.Text.tostring +", 你好,欢迎你!);
}
```

这段代码中有几处拼写错误,可能有的读者已经看出来了。为了体验程序调试的过程,目前读者先输入这些错误的代码,通过 Visual Studio 2010 开发环境的调试功能,一步步地改正错误。在输入以上代码的过程中,错误列表中的信息一直在动态地变化,即时指出当前代码存在的问题。以上代码录入完毕后,代码 "",你好,欢迎你!"下面有一条红色的波浪线,错误列表窗口有三条错误信息,如图 2-7 所示。①

边做边想

① 此时出现的错误是什么类型的错误?该类型的错误有什么特点?

_____
_____
_____

第 2 章 数据类型与运算符

图 2-7 "Task2-3"首次错误信息

在排查错误时，按从上到下的顺序进行，因为有些错误可能是由于前面的错误而连带引起的。在"错误列表"中双击第 1 行，此时光标定位到"代码"窗口中出错的位置，出错的代码""，你好，欢迎你！"被选中，将光标移动到该字符上，会出现提示"常量中有换行符"，如图 2-8 所示。

图 2-8 光标移动到出错代码时出现的错误提示

通过观察，发现这个错误是由缺少右侧的双引号引起的，将右侧双引号补充完整，形如""，你好，欢迎你！""（感叹号后面加上一个英文状态下的双引号）。将双引号补充完整后，错误列表中的错误提示都没有了，说明后面的两个错误是由这个错误连带产生的。（在录入代码的过程中，错误列表给出的错误提示，这是开发环境提供的调试功能，一般这样的错误都是语法错误。）

接下来继续调试程序。单击标准工具栏的"启动调试"按钮 ，启动程序，再次出现编译错误提示，有两处错误，如图 2-9 所示。

图 2-9 "Task2-3"第二次错误信息

双击第 1 行，光标选中"shoe"，这时发现是把"Show"输入错了（产生这个错误的可能性很小，因为可以使用 Visual Studio 2010 的智能感知输入功能），修改过来（注意大小写）。修改完这个错误后，不用急于修改其他的错误，除非能确定那真是一个错误，因为有些错误可能是连带产生的。一般情况下，修改完一次后，继续进行编辑调试。单击按钮 ▶，发现只有一处错误，在该错误处双击，光标定位到"txtname"，结合错误提示信息"当前上下文中不存在名称 txtnam"，发现是将"TxtName"写成了"txtnam"，将该处错误也修改过来。②

再次单击按钮 ▶，继续调试，错误列表中又出现了一处错误，如图 2-10 所示。③

边做边想

② C#中标识符是否区分大小写？"abc"与"aBc"是否等价？
_____
_____
_____

③ 启动调试程序时，除了单击按钮 ▶，还可以使用什么方式？启动调试程序对应的快捷键是什么？
_____
_____
_____

图 2-10 "Task2-3"第三次错误信息

双击该行，光标选中"tostring"，结合错误提示信息"string 并不包含 toString 的定义"，发现是将"ToString"错误写成了"tostring"（大小写），将该处错误也修改过来。

再次单击按钮 ▶，继续调试，错误列表中又出现了一处错误，如图 2-11 所示。

图 2-11 "Task2-3"第四次错误信息

双击该行，光标选中"TxtName.Text.ToString +"，你好，欢迎你！""。分析错误信息，"运算符'+'无法应用于'方法组'和'string'类型的操作数"，目前很明确，"+"和后面的""，你好，欢迎你！""是没有错误的，使用"+"的目的是进行字符串的连接，那么错误信息表明的就是"+"前面的不是一个字符串，而是一个方法，所以才出现"无法用于'方法组'和'string'类型的操作数"的错误，仔细观察，是在"ToString"的后面缺少了"( )"，加上括号，修改过来。再次运行时，程序已没有错误，可以正确运行了。④

④ ToString()方法的含义是什么？
_____
_____
_____

代码分析

在这个任务中，使用 MessageBox 消息类的 Show 方法向用户反馈信息，也就是"××，你好，欢迎你！"。这个任务在编写代码时，特意设置了几处拼写错误，在错误排查的过程中，发现最初的错误列表中并没有罗列出程序中存在的所有错误，随着排查过程的进行，新的错误会逐渐显现出来，直到最终把所有的错误都解决为止。

相关知识：信息反馈方式、MessageBox.Show 方法

C#中，信息反馈有如下两种方式。

1. 使用 Label 控件

Label 控件是 Windows 应用程序中应用最多的控件之一。使用该控件不仅可以给用户显示提示信息，还可以向用户反馈信息。例如，在任务 2-1 中，便使用标签"LblResult"向用户反馈计算的结果。在进行程序排查时，也常常使用 Label 控件来反馈重要的结果，根据反馈的结果帮助排查程序中的错误。①

边学边做

① 试将任务 2-3 的消息框改成使用标签进行信息的提示。
_____
_____
_____

2. MessageBox 类的 Show 方法

MessageBox 类用于显示可包含文本、按钮和符号（通知并指示用户）的消息框。通过调用该类的 Show 方法，可以在程序运行过程中给用户信息提示，并根据用户对提示框做出的必要响应执行下一步操作。

MessageBox 类的 Show 方法是一个静态方法，所以可以直接调用，该方法具有 4 个参数，MessageBox.Show 显示的消息框样式与 4 个参数的对应关系如图 2-12 所示。调用格式为：

MessageBox.Show(消息,标题,按钮样式,图标类型);

图 2-12 MessageBox 信息对话框

（1）消息参数：通知给用户的信息，为字符串表达式。
（2）标题参数：作为消息对话框的标题，为字符串表达式。
（3）按钮样式参数：确定显示的按钮的样式，为 MessageBoxButtons 枚举类型，其取值可为：

- OK：确定（OK）按钮
- Cancel：取消（Cancel）按钮
- Yes：是（Yes）按钮
- No：否（No）按钮
- Retry：重试（Retry）按钮
- Abort：终止（Abort）按钮
- Ignore：忽略（Ignore）按钮

（4）图标类型参数：确定显示的图标的样式，为 MessageBoxIcon 枚举类型，其取值可为：

- None：无图标显示
- Asterisk：
- Error：
- Exclamation：
- Hand：
- Information：
- Question：
- Stop：
- Warning：

MessageBox.Show 方法的消息框样式很多，调用时可根据实际需要确定参数的数量和取值。以下列举出几种最常用的 MessageBox.Show 消息框。

（1）只有消息参数的 MessageBox.Show 方法。

```
MessageBox.Show("没有选中清空对象，请选择！");
```

此时，对应的消息框如图 2-13 所示。

图 2-13　消息框效果图（1）

（2）有消息和标题两个参数的 MessageBox.Show 方法。

```
MessageBox.Show("没有选择清空对象，请选择！","清空");
```

此时，对应的消息框如图 2-14 所示。

图 2-14　消息框效果图（2）

（3）具有消息、标题、按钮样式和图表类型 4 个参数的

边学边做

② 为任务 2-3 中弹出的"××，你好，欢迎你！"的信息提示窗口添加"欢迎"标题和"确定"按钮，应该如何设置 MessageBox.Show()方法的各个参数？

MessageBox.Show 方法。

MessageBox.Show(" 没 有 选 中 !", " 清 空 ", MessageBoxButtons.OK, MessageBoxIcon.Question);

此时，对应的消息框如图 2-15 所示。

（4）具有消息、标题、按钮样式 3 个参数的 MessageBox.Show 方法。

MessageBox.Show(" 确 定 清 空 吗？", " 提 示 ", MessageBoxButtons.OKCancel);

此时，对应的消息框如图 2-16 所示。

③ 设置 MessageBox.Show 方法的各个参数，使消息框的效果图如图 2-17 所示。

图 2-17　消息框效果图（5）

图 2-15　消息框效果图（3）　　图 2-16　消息框效果图（4）

以上仅列举了几种具体的 MessageBox.Show 方法的应用，关于每个参数的取值，读者可根据需要自行设置。②③④

④ 设置 MessageBox.Show 方法的各个参数，使消息框的效果如图 2-18 所示。

图 2-18　消息框效果图（6）

【例 2-1】弹出 5 个"欢迎使用断点调试程序"的消息提示框。

（1）在解决方案资源管理器中，选中解决方案 Chapter2，单击鼠标右键，选择"添加"→"新建项目"，在弹出的"添加新项目"对话框中，选择"Windows 应用程序"，项目名称为"Exa2-1"。

（2）双击窗体，进入代码窗口，键入如下代码：

```
private void Form1_Load(object sender, EventArgs e)
    {
        int i = 1;
        do
        {
            MessageBox.Show("欢迎使用断点调试程序");
            i++;
        } while (i < 5);
```

（3）运行程序，发现窗体加载后，仅弹出 4 个消息框，并没有出现 5 个消息框，那么程序错在哪里了呢？这里使用断点调试程序。

（4）设置断点。在 MessageBox.Show("欢迎使用断点调试程序");行设置断点，方法是将光标停留在这一行，按 F9 键设

边学边做

⑤ 尝试设置断点的其他

置断点。⑤

（5）监视变量的值。此时按下 F5 键执行，会在代码编译器窗口下方看到一个监视窗口，如图 2-19 所示。⑥

图 2-19　监视窗口

在监视窗口，可以查看或计算表达式的值。现在使用监视窗口查看变量 i 的值。在监视 1 窗口中用鼠标单击名称下的空白单元格，输入 i，按 Enter 键，将会看到 i 的当前值为 1，如图 2-20 所示。

图 2-20　监视变量 i

（6）单步跟踪。

为了观察 do…while 的执行过程，使用单步跟踪。按 F10 键使程序逐条语句执行，可通过监视窗口看到 i 值的变化情况。可以看出在单步调试程序时，当 i 的值为 5 时，程序没有继续执行循环，而是跳出了循环，所以屏幕上才输出了 4 行"欢迎使用断点调试程序"的信息。

（7）改正程序。

将语句"while(i<5);"改成"while (i<=5);"，再单步跟踪程序，发现当 i 的值为 5 时，程序依然执行循环体，此时便可实现屏幕上输出 5 行"欢迎使用断点调试程序"的信息。

（8）取消断点。

将光标定位在断点一行，按 F9 键即可取消断点。⑦

方法，并做详细记录。
_____
_____
_____

⑥ 如果你的 VS 中没有出现监视窗口或不小心被关掉了，该怎么解决呢？
_____
_____
_____

⑦ 试仿照例 2-1 的方法调试下面程序，该程序实现求 1~10 的阶乘的和。实现代码如下：

```
int i=1,j;
int sum=0,total;
While(i<10)
{
    total=0;
    for(j=2;j<=i;j++)
        total*=j;
    sum+=total;
}
MessageBox.Show("结果是：", sum);
}
```

请详细记录调试的步骤及每步的解决方法。
_____
_____
_____

关键术语

MessageBox.Show 方法：MessageBox.Show method

实训项目

1. 在第 1 章的任务 1-4 中，设计了一个用户登录窗体，当用户输入用户名"student"和密码"12345"时，用消息框向用户反馈"登录成功"的消息。现在对这个程序做一下改进，针对用户输入的不同情形，给出更为具体的提示。

- 如果用户名和密码的值分别为"user"和"user"，弹出一信息提示对话框"恭喜你，输入正确！"。
- 当用户名输入错误时，给出"用户名输入错误！"的信息提示对话框。
- 当用户名为空时，则给出"请您输入用户名！"信息提示对话框；当密码输入错误时，给出"密码输入错误！"的信息提示对话框。
- 当密码为空时，则给出"请您输入密码！"的信息提示对话框。

2. 设计一个简单的加法练习器，运行效果如图 2-21 所示。程序运行时，自动产生两个随机的一位整数相加的加法题，在文本框中输入答案后按 Enter 键，若答案正确，则给出如图 2-22 所示的"祝贺你，回答正确"的信息提示对话框；若答案错误，则给出如图 2-23 所示的"回答错误，继续努力"的信息提示对话框；若没有输入答案，就按 Enter 键，则给出如图 2-24 所示的"没有输入答案"的信息提示对话框。

> 提示：自动产生一位整数，可以使用 Random 类的 Next 方法，下面的语句实现随机产生一位整数并赋值给变量 ab。

```
int ab;
Random rand = new Random();
ab= rand.Next(9)
```

图 2-21　程序运行效果图

图 2-22　"回答正确"对话框　　图 2-23　"回答错误"对话框　　图 2-24　"没有输入答案"对话框

第 3 章 编写分支结构的程序

能力目标
- ✓ 能够编写单分支结构的程序
- ✓ 能够编写双分支结构的程序
- ✓ 能够实现单条件的分支
- ✓ 能够实现多条件的分支

知识目标
- ✓ 掌握 if 语句的结构形式和在程序中的作用
- ✓ 掌握 if…else if…语句的结构形式和在程序中的作用
- ✓ 理解程序分支的执行过程

素质目标
- ✓ 注重程序注释
- ✓ 注重记录程序故障及其解决办法
- ✓ 注重日常积累，脚踏实地，具有大局意识

任务 3-1 判断分数是否及格

任务分析

要用计算机来判断一个分数是否及格，首先需由用户向计算机输入一个分数，然后用程序对用户输入的分数与及格分（60 分）进行比较，如果大于等于，则向用户反馈及格信息，如果小于，则反馈不及格信息。可采用图 3-1 所示的界面。

图 3-1 任务 3-1 界面效果图

用户输入数字并单击"确定"按钮后，对用户输入的数据进行分析，程序流程如图 3-2 所示。

第3章 编写分支结构的程序

图 3-2 任务 3-1 程序流程图

任务实现

（1）新建"Windows 应用程序"，项目名称为"Task3-1"，解决方案为"Chapter3"。

（2）设计界面。拖动相应控件到窗体恰当位置，相应的属性值见表 3-1。

表 3-1 控件详细设置

序号	控件类型	主要属性	属 性 值
1	Form	Text	判断分数是否及格
2	Label	Name	LblScore
		Text	请输入分数：
3	Label	Name	LblResult
		Text	结论：
4	TextBox	Name	TxtScore
		Text	空①
5	Button	Name	BtnOk
		Text	确定

（3）编写程序代码。

在按钮控件"BtnOk"上双击，进入单击事件代码窗口，输入如下代码：

```
1    private void BtnOk_Click(object sender, EventArgs e)
2    {
3        int IntScore;
4        IntScore=int.Parse(TxtScore.Text);  ②
```

边做边想

① TextBox 文本框的 Text 属性设置为空，这样做的目的是什么？

_____

_____

_____

② 第 4 行代码，为什么要将用户输入的文本框内容转换成数值型？

_____

_____

```
5            if (IntScore>=60)
6            {
7                LblResult.Text = "结论:";          ③
8                LblResult.Text= LblResult.Text +"及格";
9            }
10           else
11           {
12               LblResult.Text = "结论:";
13               LblResult.Text = LblResult.Text +"不及格";
14           }
15        }
```

（4）运行程序。

输入多个不同的整数，注意保证输入正确，输入"60"以上的整数时显示"结论:及格"；输入小于"60"的整数时，显示"结论:不及格"。④⑤

③ 第 7 行代码是将 LblResult 的 Text 属性设置为 "结论:"，尝试去掉此行代码，直接利用 LblResult.Text= LblResult.Text+"及格"的格式来反馈结果，并记录结果。

_____

_____

④ MessageBox.Show 方法反馈结果，格式为：您的成绩是××，及格（不及格）。请写出这两条语句。

_____

_____

_____

⑤ 分数的值只能介于 0～100 之间，在任务 3-1 中没有给出这部分的判断，请完成该条件判断。

_____

_____

_____

代码分析

第 3 行代码定义了一个整型变量，变量名为 IntScore。

第 4 行代码把文本框内的分数保存到 IntScore。分数是由用户输入文本框内，而文本框的 Text 属性保存的是字符串类型的数据，为了可以对分数进行数学运算，需要首先把它转换成整数。int.Parse()方法的作用就是把圆括号内的字符串转换为整数。如果用户在文本框内输入了字母、符号或中文，则会产生一个程序错误，因为 int.Parse()只能把由数字组成的字符串转换成整数。

第 5～9 行代码的作用就是判断所输入的分数是否大于或等于 60，如果是，则执行 if 子句中第一对"{ }"包含的代码，也就是第 6 行和第 9 行之间的第 8 行代码，表示将 LblResult.Text 的原值"结论:"与"及格"两个字连接在一起，作为 LblResult.Text 的新值，也就是程序运行时在标签上显示"结论:及格"，"+"是字符串的连接运算。如果小于 60，则执行 if 子句中第二对"{ }"包含的代码，也就是第 11 行和第 14 行之间的第 13 行代码，显示"结论:不及格"。

从上面的分析中可以看出，如果要实现根据是否满足某一条件执行不同的功能（这里的条件是大于 60 分，如果是，显示"结论:及格"，如果不是，显示"结论:不及格"），这种功能在程序中是用分支结构，也就是 if 语句结构实现的。下面对 if 语句做一些详细的讲解。

相关知识：if 分支语句、if 语句的嵌套

1. if 分支语句

if 分支语句表示，其语法格式为：

```
if(表达式)
{
    语句块 1
}
Else
{
    语句块 2
}
```

（1）首先使用关键字"if"，后面紧接着圆括号，圆括号里面可以是一个表达式或是一个布尔变量。表达式可以是关系表达式或逻辑表达式，其运算结果是布尔值 true 或 false。例如：

```
if(yourcity =="北京")
//关系表达式，yourcity 为字符串变量，注意用双等号==
if(userage>=18 && userage<=60)   //逻辑表达式，userage 为整型变量 ①
```

前面已经学习过关系表达式，在表示一个关系表达式时，最重要的是要注意关系运算符两边的数据类型要一致，比如，上面"判断分数是否及格"的例子中，IntScore>60，变量 IntScore 是一个 int 类型，60 是整型常数，直接写。在上面的例子中，yourcity =="北京"，可以推测 yourcity 是一个 string 类型的变量，北京是字符串常数，用双引号括起来。②③④

边学边做

① 请给出变量 userage 的一个值，使条件(userage>= 18 && userage<=60)成立。
_____
_____
_____

②③④ 写出能完成以下要求的条件表达式：

两个文本框名称分别是 TxtOp1 和 TxtOp2，要求两个文本框的内容都不为空。
_____
_____
_____

要求字符变量 MyChar 是大写字母。
_____
_____
_____

要求系统日期为 1 月 1 日。
_____
_____
_____

提示：圆括号的后面没有";"号，有的初学者习惯在后面也写个";"号，这样虽然程序在执行前不会产生语法错误，但是程序的执行结果变得不能控制。

（2）if 表达式后紧接着的是大括号，语句块 1 包含在大括号中，表示这个语句块 1 受大括号上面的 if 语句控制。语句块 1 其实就是程序代码，它可以是一条语句，也可以是多条语句，当语句块 1 只包含一条语句时，可以把大括号省略掉。但是建议大家使用大括号的形式，即使语句块只有一条语句，这符合编写的规范。另外，if 后面语句块中的所有语句都应该缩进一个制表符 tab 或长度相当的空格，表示它们受控于以上 if 语句。

这样的代码更加容易阅读，易于理解。

（3）当 if 表达式返回 true 时，执行语句块 1。如果返回 false，则执行 else 后面的语句块 2。为了便于理解，可以把它翻译为中文的"如果……就……，否则……"，用图 3-3 来表示执行过程。

图 3-3　if 语句执行过程

if 语句也可以没有 else 子句，用来实现单分支的程序，当条件为真时执行操作，为假时不执行任何操作。此时 if 语句形式为：

```
if(表达式)
{
    语句块
}
```

例如：

```
if(a<b)
{
    c=a;
    a=b;
    b=c;
}
```

这段代码在执行 if(a<b) 时会对条件 a<b 进行判断，如果条件成立，则通过 if 语句内部的语句块将变量 a 和 b 的值进行交换；如果条件不成立，则跳过该 if 语句。这样，就能保证变量 a 的值一定大于等于 b。⑤

2. if 语句的嵌套

大家在运行程序 Task3-1 时可能已经发现，当由于误操作，在输入分数的文本框中，输入了不是整数的其他数据时，程序在运行时产生了一个错误，产生这个错误的原因是在程序中声明了 int 型变量来存放分数，所以当用户输入的数据不能满足程序要求时，就出现了运行错误。这样的程序是不完善的，程序设计者应尽可能多地捕获用户的失误，并提出相应的警告信息。可以使用 if 语句对用户的输入首先进行形式上的判断，如果是整数，再判断是否及格，如果不是整数，

边学边做

⑤ 试着用图形的形式将变量 a、b、c 的交换过程表现出来。如果要实现变量 a 的值一直都小于变量 b，该如何改写 if 语句？

_____

_____

_____

⑥ 运行程序，在输入分数文本框中不输入任何内容，单击"确定"按钮，程序的运行结果是什么？再输入大于 60 的任何一个数值，程序的运行结果是什么？然后输入小于 60 的一个数值，程序的运行结果是什么？最后输入一个非整数的内容，如"ABC"，程序的运行结果是什么？

_____

_____

则提示输入错误。在这里仅对用户输入为空的情形做出错误提示，如果是输入了字符等其他类型的错误，待学习完循环语句后再添加该功能。修改后的代码如下：⑥

```csharp
private void BtnOk_Click(object sender, EventArgs e)
{
    int IntScore;
    if(TxtScore.Text==" ")
    {
        MessageBox.Show("请输入分数!");
    }
    else
    {
        IntScore=int.Parse(TxtScore.Text);
        if (IntScore>=60)
        {
            LblResult.Text= LblResult.Text +"及格";
        }
        else
        {
            LblResult.Text = LblResult.Text +"不及格";
        }
    }
}
```

在这个例子中，在判断分数是否及格的 if 语句外，套入了另一个判断用户在文本框输入是否为空的 if 语句，只有当用户输入的不为空时，才进行是否及格的判断；如果用户输入的为空，则给出提示信息。在 if 语句中又包含一个或多个 if 语句，称为 if 语句的嵌套。其形式为：

```
if( )
{
    if ( )
    {
        语句块 1;
    }
    else
    {
        语句块 2;
    }
```

```
else
{
    if ( )
    {
        语句块 1;
    }
    else
    {
        语句块 2;
    }
}
```

if 的内嵌形式多种多样，嵌套的层数也没有限制。

关键术语

分支结构：Branching structure

if … else：if … else

嵌套：nested

实训项目

1. 一个计算机商店销售光盘，对于少量的订购，每盘 3.5 元。当订购超过 200 张时，每盘为 3 元。编写程序，要求输入订购光盘数量，并显示总价格。

2. 新冠肺炎疫情防控期间，我们每天早晨都要上报自己的体温，以便及时发现异常情况。体温正常范围是 35～42 ℃，不在此范围的体温已经不是正常人类的体温，可看作是用户输入错误。现编写程序，判断用户输入的体温是否在正常范围，并给出相应的反馈信息。

3. 在文本框中输入一个整数，判断它和随机产生的 1～10 之间的整数是否相等。如果两个值相等，则输出"您的运气好极了！"，否则输出"您今天的运气比较一般"。

任务 3-2 判断成绩的等级

任务分析

在任务 3-1 中，对成绩是否及格进行了判断，现在要求判断出成绩的优、良、中、及格、不及格。

优   90～100

良   80～90（小于 90）

中   70～80（小于 80）

及格   60～70（小于 70）

不及格   0～60（小于 60）

要判断成绩的等级，也就是判断成绩所在的区间，根据不同区间给出不同结论。首先判断分数是否大于等于 90 且小于等于 100，如果是，则成绩为"优"；否则，继续判断成绩是否在 80～90 之间。用程序实现，很明显也是用 if 语句进行判断，并且是多次连续的判断。程序的流程如图 3-4 所示。

图 3-4　任务 3-2 流程图

任务实现

根据前面所学的知识完成这个逻辑。在任务 3-1 的基础上进行修改，界面与 Task3-1 的相同，业务代码稍有不同。

（1）打开解决方案 Chapter3，添加新项目，项目名称"Task3-2"，并设为启动项目。

（2）将"Task3-1"中窗体 Form1 的控件全部选中，复制粘贴到"Task3-2"的窗体 Form1。

（3）双击按钮"BtnOk"，进入代码编辑窗体，删除原来手工输入的代码，并输入如下代码：

```
1   private void BtnOk_Click(object sender, EventArgs e)
2   {
3       int IntScore = int.Parse(TxtScore.Text);
4       if (IntScore >= 90)①
5       {
6           LblResult.Text ="优秀";
7       }
```

边做边想

① 题目要求判断分数是否大于等于 90 且小于等于 100，将条件 IntScore>= 90 改写为满足题目的要求，改写后条件表达式如何表示？

_____
_____
_____

```
8            if (IntScore >= 80)
9            {
10               LblResult.Text = "良好";
11           }
12           if (IntScore >= 70)
13           {
14               LblResult.Text = "中等";
15           }
16           if (IntScore >= 60)
17           {
18               LblResult.Text = "及格";
19           }
20           else
21           {
22               LblResult.Text = "不及格";
23           }
24       }②③
```

② 选择"调试"菜单下的"逐语句",或者按快捷键F11,此时开始单步运行程序,程序的入口处在哪里?

_____
_____
_____

③ 运行这个项目,分别输入分数"59""95""80",输出结果是什么?

_____
_____
_____

通过实际的运行发现,输入分数 59,得到的结论是"不及格",这和预想的是一致的;输入分数 95,得到的输出结果是"及格";输入分数 80 时,得到的结论是"及格",这和预想的发生了差别。根据要求,分数 90 是"优秀"等级,"80"是"良好"的等级,那就说明刚才的程序有错误。

把程序的执行过程模拟一下,就能找到错误所在。首先,执行第 3 行代码,获得了一个整数类型的用户输入,此处为"80";然后执行第 4 行代码,if 语句的条件不成立,跳出分支;继续执行后续第 8 行代码的 if 语句,此时条件成立,赋值标签 LblResult 的显示文字为"良好";程序继续执行第 12 行代码的 if 语句,条件仍然成立;再次赋值标签 LblResult 的显示文字为"中等",程序仍然会执行后面第 16 行代码的 if 语句,条件仍然成立;再次赋值标签 LblResult 的显示文字为"及格",程序结束。由于多个 if 语句是顺序依次执行的,每个条件成立的 if 语句都是给标签 LblResult 的 text 属性赋值,当多次赋值时,后面的值会把前面的值覆盖掉,所以看到的是最后一个条件,也就是第 16 行 if 语句的赋值结果,最后显示出"及格"。

通过以上分析,可知产生错误的原因是顺序执行的 if 语句中有多个 if 语句的条件都成立,比如,分数"73",既能使 IntScore >=70 这个条件成立,也能使 IntScore >=60 这个条件成立。

如果大家没有真正领悟任务 3-1 所绘制流程图的含义,是很容易犯这段代码这样的错误的。现在根据这些代码把流程图绘制出来,如图 3-5 所示。

从图 3-5 可以看出,图中 4 个独立的菱形对应着代码中 4 个独立的 if 语句,其与图 3-4 的最大区别在于这 4 个菱形是独立的,不论条件是否成立,都会再次进入下一个菱形判断。而图 3-4 中,4 个菱形是不独立的,当其中的一个菱形判断的条件为真时,将结束后面所有的菱形判断,直接执行程序结束。

第3章 编写分支结构的程序

图 3-5 多个连续 if 语句的程序流程图

那么如何修改呢？

第一种方法是：对多个顺序执行的 if 语句，只让其中的一个条件成立。这时需要对条件做出更细致的限定，用分数区间来表示。IntScore >=80 并且 IntScore <90 时，等级为"良好"；IntScore >=70 并且 IntScore <80，等级为"中等"；修改后的代码如下。

边做边想

④ 最后判断"不及格"的代码使用了一个独立的 if 语句，这个独立的 if 语句可否与前面判断"及格"的 if 语句合并成一个 if…else 语句？也就是可否把程序 Task3-2 中后面的两个 if 语句代码进行如下修改？

```
if (IntScore >= 60 && IntScore < 70)
{
LblResult.Text ="及格";
}
else
{
LblResult.Text = "不及格";
}
```

```
private void BtnOk_Click(object sender, EventArgs e)
{
    int IntScore = int.Parse(TxtScore.Text);
    if (IntScore >= 90 && IntScore<=100)
    {
        LblResult.Text ="优秀";
    }
    if (IntScore >= 80 && IntScore<90)
    {
        LblResult.Text = "良好";
    }
    if (IntScore >= 70 && IntScore < 80)
    {
```

```
            LblResult.Text =   "中等";
    }
    if (IntScore >= 60 && IntScore < 70)
    {
            LblResult.Text ="及格";
    }
    if (IntScore >= 0 && IntScore < 60)    ④
    {
            LblResult.Text = "不及格";
    }
}
```

试验一下，能否得到正确结果，错误的原因是什么？
_____
_____
_____

再次执行程序，输入不同区间的分数进行验证，程序结果是正确的。由于这些 if 语句是顺序执行的，所以这段代码的执行效率十分低下。比如输入 92 分，当程序执行第 1 个 if 语句时，符合条件，显示"优秀"，但接下来它还会去判断所有剩余的 if 语句。这样做导致程序执行了很多代码。要解决这个问题，可以使用 if…else if…语句。实现方法如下：

（1）在项目"Task3-2"中，添加一个新窗体，新窗体默认的名字为"Form2"。

（2）将 Form1 窗体中的所有控件复制到 Form2 窗体，并将 Form2 窗体的 Text 属性值设置为"判断分数是否及格"。

（3）双击项目"Task3-2"的 Program.cs 文件，将 Form2 设置为启动窗体。

（4）双击"BtnOk"进入代码窗口，输入如下代码：

```
private void BtnOk_Click(object sender, EventArgs e)
{
    int IntScore = int.Parse(TxtScore.Text);
    if (IntScore >= 90 )
    {
            LblResult.Text ="优秀";
    }
    else if (IntScore >= 80 )
    {
            LblResult.Text = "良好";
    }
    else if (IntScore >= 70 )
    {
            LblResult.Text =   "中等";
    }
    else if (IntScore >= 60 )
    {
```

```
            LblResult.Text ="及格";
        }
        else
        {
            LblResult.Text = "不及格";
        }  ⑤⑥
}
```

边做边想

⑤ 用语言叙述一下程序中 if…else if…的执行过程。
_____
_____
_____

⑥ 此段代码中，if 的条件判断仍然不完整，没有指出必须输入 0~100 之间的数字，如何改写，才能使成绩满足在 0~100 之间的数字？
_____
_____
_____

再次执行程序，输入不同区间的分数，也能得到正确的结果。

相关知识：if…else if…语句、switch 语句

1. if…else if…语句

这段代码使用了 if…else if…语句来实现多个分支，先来看看 if…else if…语句的基本要点。语句形式为：

```
if(表达式 1 )
{
    语句块 1
}
else if(表达式 2)
{
    语句块 2
}
…
else if(表达式 n)
{
    语句块 n
}
else
{
    语句块 n+1
}
```

if…else if…语句的执行过程如图 3-6 所示。流程与在图 3-2 中所绘制的任务 3-1 流程

图类似，只不过if…else if…语句中有多个连续的分支。

首先执行表达式1，如果返回值为True，则执行语句块1，并跳出整个if语句；如果表达式1返回False，则执行表达式2；如果表达式2返回True，则执行语句块2，并跳出整个if语句；如果表达式2返回False，则继续往下执行else if语句。总而言之，if…else if…语句的特点是，只要找到为真的表达式，就执行相应的语句块并跳出整个判断语句，否则就继续往下执行。

图3-6 if…else if…语句执行流程

上面的程序中，如果输入的成绩为"82"，那么程序将在执行完第2个if子句并显示出"良"后，直接跳出整个判断语句。使用if…else if…语句，提高了程序的执行效率。

下面使用if…else if…语句来实现四小天后的查询。

【例3-1】四小天后查询。

歌坛四小天后是孙燕姿、蔡依林、萧亚轩、梁静茹。用户输入一个其想要查询的人名时，依次与这四个名字做比较，如果与其中的一个相同，显示该歌星的个人信息；如果都不相同，则显示未找到结论。步骤如下：

（1）在解决方案Chapter3中，添加新项目，项目名称为"Exa3-1"。

（2）设计界面，界面设计效果如图3-7所示。

图3-7 例3-1 界面设计效果

拖动相应控件到窗体恰当位置，相应的属性值见表 3-2。

表 3-2 控件详细设置

序号	控 件 类 型	主 要 属 性	属 性 值
1	Form	Text	四小天后查询
2	Label	Name	LblResult
		Text	请输入要查询的歌星名
		Text	结论：
3	TextBox	Name	TxtName
		Text	空
4	Button	Name	BtnSearch
		Text	查找

（3）编写程序代码。在按钮控件"BtnSearch"上双击，进入单击事件代码窗口，输入如下代码：

```
private void BtnSearch_Click(object sender, EventArgs e)
{
    if (TxtName.Text == "孙燕姿")
    {
        LblResult.Text = "孙燕姿个人信息";
    }
    else if (TxtName.Text == "蔡依林")
    {
        LblResult.Text = "蔡依林个人信息";
    }
    else if (TxtName.Text == "萧亚轩")
    {
        LblResult.Text = "萧亚轩个人信息";
    }
    else if (TxtName.Text == "梁静茹")
    {
        LblResult.Text = "梁静茹个人信息";
    }
    else
    {
        LblResult.Text = "很抱歉，您所查询的歌星不是四小天后之一。";
    }
}
```

(4) 运行程序。

运行程序，当输入四个人名之一时，显示相关的个人信息，此处并未给出具体信息；如果输入的人名不在这四个名字中，则显示"很抱歉，您所查询的歌星不是四小天后之一"。①

2. switch 语句

在前面的内容中，使用 if…else if…语句完成了两个程序，一个是判断成绩的等级，一个是查询四小天后。仔细分析一下，第一个程序"Task3-2"中，if…else if…语句的条件是一个范围，而在程序"Exa3-1"中，if…else if…语句的条件是人名，也就是具体的字符串，像这种条件为字符串常数或数值常数的多分支，还可以使用 switch 语句实现。

程序"Exa3-1"可使用如下 switch 语句实现：②

```
switch (TxtName.Text )
{
case "孙燕姿":
    LblResult.Text = "孙燕姿个人信息";
    break;
case "蔡依林":
    LblResult.Text = "蔡依林个人信息";
    break;
case "萧亚轩":
    LblResult.Text = "萧亚轩个人信息";
    break;
case "梁静茹":
    LblResult.Text = "梁静茹个人信息";
    break;
default:
    LblResult.Text = "很抱歉，您所查询的歌星不是四小天后之一。";
    break;
}③
```

switch 又称为"开关语句"，它是多分支选择语句，允许根据条件判断执行一段代码。它与 if…else if…语句构造相同，两者相似度很高。某些特定的 if…else if…语句可以使用 switch 语句来代替，而所有的 switch 语句都可以改用 if…else if…语句来表达。它们之间的不同点是 if…else if…语句计算一个逻辑表达式的值，而 switch 语句则将一个整数或 string 表达式的值与一个或多个 case 标签里的值进行比较。switch 语句的表现形式如下：

switch (表达式)
{

边学边做

① 补充程序，给出每个人的具体信息，使程序提醒更完善。
_____
_____
_____

② 用 switch 语句实现的程序"Exa3-1"中，表达式是什么？有几个 case 子句？每个 case 子句的常数是什么类型？值为什么？如果把常量"孙燕姿"的双引号改为单引号，产生了什么编译错误？错误的原因是什么？
_____
_____
_____

③ 尝试把 case "孙燕姿"子句后的 break 去掉，然后执行程序，输入"孙燕姿"，得到的输出结果是什么？为什么？
_____
_____

```
case 值 1:
    语句块 1
    break;
case 值 2:
    语句块 2
    break;
…
case 值 n:
    语句块 n
    break;
default:
    语句块 n+1
    break;
}
```

switch 语句的执行方式为：首先输入表达式的值，然后将该值与 case 标签中指定的常数进行比较。若两者相等，则执行该 case 标签后面的语句块；如果所有 case 标签后的常数都不等于表达式的值，并且存在一个 default 标签，则执行 default 标签后面的语句块，若不存在 default 标签，则 switch 语句执行结束。执行流程如图 3-8 所示。从图中可看出，switch 语句与 if…else if…语句的执行过程是完全相同的，只不过是在条件的表现形式上有些不同。

图 3-8 switch 语句执行流程

在使用 switch 语句时，应注意以下几个问题：

（1）switch 关键字后面的表达式，其值的类型必须是字符串或整数，如 char、int、long 都属于整数类型。

（2）case 标签后面的值必须是常量表达式，不允许使用变量。任何两个 case 标签后的常量都不能相同，如果两个以上的 case 标签指定了同一个常数值，编译时将发生错误，错误信息为"标签 case 已经出现在该 switch 语句中"。

（3）case 和 default 标签以冒号（:）而非分号（;）结束。

（4）case 标签后面的语句块，无论是单条语句还是多条语句，都无须用大括号{ }包围。每个非空的 case 子句和 default 子句，都必须包含 break 语句。

（5）default 标签可以有，也可以没有。case 子句的排放顺序是无关紧要的，甚至可以把 default 子句放在最前面。

（6）如果一个 case 子句为空，就可以从这个 case 子句跳到下一个 case 子句上，直到遇到 break 语句为止，这样就可以用相同的方式处理两个或多个 case 子句了。

一般来说，所有的 switch 语句都可以用 if…else if…语句来替代，但是当选项较多时，用 switch 语句实现起来要方便很多，程序的可读性也比较强。虽然 switch 语句中，每个 case 标签对应的只能是一个常数值，而不能是一个范围，但是在实际的编程中，可以通过一个程序技巧，使数值范围形式的条件分支用 switch 来实现。看下面的一个例子。

【例 3-2】计算打折后的金额。

某商场打折，一次性购买的商品金额越多，优惠就越多，标准如下：

金额＜100 元　　　　　　　没有优惠
100 元≤金额＜500 元　　　 9.5 折优惠
500 元≤金额＜1 000 元　　 9 折优惠
金额≥1 000 元　　　　　　 8 折优惠

分析：由于在优惠标准中金额不是一个常数，而是一个数值范围，因此不能简单地使用 switch 语句来实现。但经过分析发现，优惠标准的变化是有一定规律的，即优惠的变化点都是 100 的倍数。利用上述特点，将购买金额整除 100，得到的商只有 11 个整数值，那么就可以利用这 11 个常数，结合 switch 语句来实现。实现步骤如下：

（1）在解决方案 Chapter4 中添加一个新项目，项目名称为"Exa3-2"。

（2）设计界面，界面效果设计如图 3-9 所示。

图 3-9　例 3-2 界面设计效果

拖动相应控件到窗体恰当位置，相应的属性值见表 3-3。

表 3-3 控件详细设置

序号	控件类型	主要属性	属性值
1	Form	Text	商品打折
2	Label	Text	原商品金额：
3	Label	Text	打折后金额：
4	TextBox	Name	TxtOriginal
5	TextBox	Name	TxtDiscount
		ReadOnly	True
6	Button	Name	BtnCompute
		Text	计算

（3）编写程序代码。在按钮控件"BtnCompute"上双击，进入单击事件代码窗口，输入如下代码：④⑤

```
private void BtnCompute_Click(object sender, EventArgs e)
{
    double DblSumMoney, DblCutRate = 1;
    int m;
    DblSumMoney = double.Parse(TxtOriginal.Text);
    if (DblSumMoney < 0)
    {
        MessageBox.Show("请输入正确的金额!");
    }
    else if (DblSumMoney >= 1000)
    {
        DblCutRate=0.8;     //金额超过 1000 时，打折率为 0.8
    }
    else
    {
        m = (int)(DblSumMoney / 100);   //购买金额整除 100，得到商
        switch (m)
        {
            case 0:     //少于 100 元，不打折
                DblCutRate = 1;
                break;
```

边学边做

④ 为什么要将 TextBox 控件 TxtDiscount 的 Read Only 属性设置为"True"？一般在什么情况下，需要将 TextBox 控件的 ReadOnly 属性设置为"True"？

_____
_____
_____

⑤ 运行程序，在文本框中输入非数字，看看程序输出的结果，分析原因。

_____
_____
_____

```
                    case 1:
                    case 2:
                    case 3:
                    case 4:
                        DblCutRate = 0.95;    //100～500元的打折率
                        break;
                    case 5:
                    case 6:
                    case 7:
                    case 8:
                    case 9:
                        DblCutRate = 0.9;     //500～1000元的打折率
                        break;
                }
            }
            TxtDiscount.Text = (DblSumMoney * DblCutRate).ToString();
}
```

⑥ 将程序中的 if…else 去掉，全部都用 switch…case 来替换，程序代码该如何更改？
_____
_____

⑦ 按照 Exa3-2 的解题思路，将 Task3-2 的 Form2 中的代码用 switch…case 结构改写，注意分数段的特点。
_____
_____
_____

（4）运行程序，输入整数或实数，可以得到正确的结果。⑥⑦

关键术语

分支结构：Branching structure
if：if
else if：else if
switch：switch
case：case

实训项目

1. 输入一个包含年、月、日的日期，输出该日期是该年度的第几天。（提示：要考虑闰年情况，闰年是指能被4整除同时不能被100整除的年份，或者是能被400整除的年份，闰年2月份有29天。）

2. 简单计算器，输入两个数及运算符，求出两个数的运算结果，界面设计效果如图3-10所示。（提示：用switch语句对不同的运算进行分支。）

3. 选择5名你所敬仰的历史人物，仿照例3-1，查询相关人物简介及主要事迹。

4. 编写程序，模拟石头剪刀布游戏。（提示：可用数字0、1、2分别代表石头、剪刀、布，计算机随机产生0或者1或者2，与用户输入的0或者1或者2作比较，并给出胜负结论。）

图 3-10 练习 2 界面效果图

第 4 章　编写循环结构的程序

能力目标
- ✓ 能够编写单循环结构的程序
- ✓ 能够编写嵌套循环结构的程序
- ✓ 能够编写满足一定条件可以跳出循环的程序
- ✓ 能够实现分支和循环综合运用解决实际问题

知识目标
- ✓ 掌握 while 语句结构形式和在程序中的作用
- ✓ 掌握 do…while 语句的结构形式和在程序中的作用
- ✓ 掌握 for 语句的结构形式和在程序中的作用
- ✓ 掌握 break、continue 的结构形式和在程序中的作用
- ✓ 理解程序中循环结构的执行过程

素质目标
- ✓ 能够根据实际需求正确使用 while 和 do…while 语句
- ✓ 理解并正确使用 for 语句的不同格式

任务 4-1　求 1 至某个正整数的和

任务分析

计算 1 至某个正整数的和。例如计算 1 至 100 的和，表达式为 1+2+…+100，这是一个累加的过程，不断地执行加法运算，编程的基本思路就是将前面计算的和与下一个数相加，用来相加的数字不断增 1。本任务中累加到最后的数字由用户输入，单击按钮后，反馈计算的结果。可采用图 4-1 所示的界面。

用户输入数字并单击"确定"按钮后，对用户输入的数进行计算，程序流程如图 4-2 所示。

第4章 编写循环结构的程序

图 4-1　任务 4-1 界面效果图

图 4-2　任务 4-1 程序流程图

任务实现①②

（1）新建"Windows 应用程序"，项目名称为"Task4-1"，解决方案为"Chapter4"。
（2）设计界面，拖动相应控件到窗体恰当位置，相应的属性值见表 4-1。

表 4-1　控件详细设置

序号	控件类型	主要属性	属　性　值
1	Form	Text	计算 1 至某个正整数的和
2	Label	Name	LblString
		Text	请输入一个大于 1 的正整数：
3	Label	Name	LblRes
		Text	结果：
4	Label	Name	LblResult
		Text	空

边做边想

① 本任务中拖动了 3 个 Label 控件到窗体中，如果只拖动两个 Label 控件 LblString、LblRes 是否可以？如果可以，那么 LlbRes 标签的 Text 属性如何设置？

_____

_____

② 本任务中，为什么要求在 TextBox 控件中输入大于 1 的正整数？

_____

89

续表

序号	控件类型	主要属性	属性值
4	TextBox	Name	TxtNum
		Text	空
5	Button	Name	BtnOk
		Text	确定

（3）编写程序代码，在按钮控件"BtnOk"上双击，进入单击事件代码窗口，输入如下代码：

```
1 private void BtnOk_Click(object sender, EventArgs e)
2     {
3         int IntNumber;
4         int i=1;
5         int IntSum = 0; ③
6         IntNumber = int.Parse(TxtNum.Text);
7         while (i <= IntNumber) ④
8         {
9             IntSum += i;
10            i++;
11        }
12        LblResult.Text= IntSum.ToString();  ⑤
13    }
```

（4）运行程序，输入"100"，显示"结果：5050"。

③ 第5行代码如果只定义变量，不初始化变量值为0，是否可以？为什么？
_____
_____

④ 参照下文中 while 语句的4个构成部分，分解第7～11行之间的代码，使之与4个部分分别对应。

循环变量初始化：
_____
_____

判断循环条件表达式：
_____
_____

循环体：
_____
_____

改变循环变量的值：
_____
_____

⑤ 第12行代码中 ToString() 方法起到什么作用？可以去掉不写吗？
_____
_____

代码分析

第3行代码定义一个整型变量，变量名为 IntNumber。

第4行代码定义循环变量，并初始化值为1。

第5行代码定义一个整型变量，变量名为 IntSum，用来存储1至输入的变量的和。

第6行代码定义变量 IntNumber，该变量的值为 TextBox 控件输入的数值。

第 7~11 行通过循环结构，计算 1 至输入的数之和。

第 12 行代码是将得到的和显示在 LblResult 标签上。

从上面对任务的分析中可以看出，如果要实现求累加和这种不断重复执行的加法的运算，在程序中需要用循环结构。在本任务中用的是 while 循环结构。

相关知识：while 语句、do…while 语句

1. while 语句

```
while(条件表达式)
{
    循环体语句块;
}
```

对 while 循环语句进行详细说明：

（1）while 后面括号中的表达式，可以是条件表达式，也可以是逻辑表达式，这与 if 语句后面的条件表达式说明是一致的，可以参考第 3 章的内容复习一下。如果表达式结果为 true，则执行循环语句块；如果表达式结果为 false，则跳出循环体语句块，执行循环体以外的内容。例如：

```
int i = 3;
while (i<6)
{
    …
    i++;
} ①
```

上述例子，循环条件表达式为 3<6，表达式结果为真，执行循环体语句；如果将 i 赋值为 10，表示式即为 10<6，结果为假，循环一次也不执行，直接跳过循环体语句，执行循环体大括号外面的内容。

下面程序的功能是判断变量 userIsDone 的值，直到用户输入"yes"才结束循环。

```
string userIsDone = "";
while(userIsDone.ToLower() != "yes")   ②
{
    继续输入 userIsDone 的值
}
```

上述例子中，循环条件表达式属于逻辑表达式，其中 ToLower()方法的功能是将字符串转换成小写字符，然后比较转换成小写字符后变量 userIsDone 与小写字符串"yes"是否相等，如果不相等，循环表达式结果为真，执行循环体语句，继续输入 userIsDone 的值，然后继续判断表达式，直到表达式 userIsDone.ToLower() != "yes"为假，即输入 userIsDone 的值为"yes"，跳出循环体语句，继续执行循环体语句外面的内容。

边学边做

① 在这段代码中，哪条语句改变了循环变量的值，使循环的条件逐步接近不成立，以便程序能够结束循环？如果去掉该条语句，会导致什么后果？为什么？

_____

_____

_____

② 在判断用户是否输入"yes"的程序代码中，使用了 ToLower 方法把用户输入的字符串转变成小写，这有什么作用？当用户输入"yes"时，程序是否结束？如果改写成"while(userIsDone!= "yes" && userIsDone!="YES")"，二者的作用相同吗？为什么？

_____

_____

_____

提示：上面两个关于 while 循环结构的例子，第一个例子的表达式属于两个数值进行比较的条件表达式，第二个例子的表达式属于两个字符串进行比较的条件表达式，表达式的结果都是布尔值，循环结构中表达式的具体表示方法应该根据题目要求设置。

（2）一般来说，一个完整的 while 循环需由 4 个部分构成：循环变量初始化、判断循环条件表达式、循环体和改变循环变量的值，执行过程如图 4-3 所示。

（3）while 语句的执行过程如下：

● 计算条件表达式的值；

图 4-3 while 语句执行过程

● 如果表达式的值为真，则执行循环体语句，并改变循环变量的值；
● 当语句块执行到结尾后，程序将重新回到 while 语句的开头；
● 重复执行步骤（1）、（2）、（3），直到表达式为假（即条件不成立）时，跳出循环并执行下一条语句。

任务 4-1 中，计算条件表达式 i <= IntNumber 的值，如果值为真，即循环变量 i 的值如果小于等于文本框中输入的数值，则执行循环体语句，进行累加计算。循环体语句中一定要包含改变循环变量的值，也就是能使循环趋向结束的语句。这里包含循环变量 i 自增（i++）的语句，经过几次循环后，能导致 i<=IntNumber 条件为假，结束循环。如果无此语句，则 i 的值始终不改变，循环永不结束，又称"死循环"，例如：

边学边做

③ 如何改写此段程序能使程序正常运行，不会产生死循环情况？
_____
_____
_____

```
i=1;        ③
while(i<10)
{
    Lable1.Text = i;
}
```

④ 如果把此段代码改成如下形式：
```
int myInt = 0;
while (myInt < 10)
{
    myInt++;
    MessageBox.Show("循环第"+ myInt +"次");
}
```

循环体语句中没有能使循环变量 i 改变的语句,程序将无限循环下去，形成"死循环"。如果运行该程序，程序无法停止，此时必须用任务管理器停止该程序。

针对上面所述的执行过程，分析下面程序。

```
int myInt = 0;
while (myInt < 10)
{
    myInt++;
}
MessageBox.Show("共循环"+ myInt +"次");   ④
```

两段代码的不同只是 MessageBox.Show 的位置不同,产生了什么不同的运行效果?为什么?

_____
_____
_____

本例中,先给 myInt 变量初始化为 0,然后判断条件表达式 myInt<10。第一次计算时,该布尔表达式将返回 true 值,执行循环语句体,也就是 myInt 进行加 1 运算。一旦执行了 while 块中的语句之后,再次计算条件表达式的值,这种情况将一直循环下去,直到该条件表达式的值为 false 为止。一旦条件表达式的值为 false,程序将从 while 块之后的第一条语句开始执行。在本例中,程序最后显示"共循环了 10 次"。

除了用 while 可以实现循环,do…while 也可以实现循环。

2. do…while 语句

do…while 循环非常类似于 while 循环,一般情况下,可以相互转换。它们之间的差别在于 while 循环的测试条件在每一次循环开始时执行,而 do…while 循环的测试条件在每一次循环体结束时进行判断。与 while 语句不同的是,do…while 循环至少可以使循环体语句执行一次,而 while 循环则有可能一次循环也不进行。

do…while 语句结构:

```
do
{
 语句块
} while(条件表达式);
```

do…while 语句的执行过程如下:

(1) 执行循环体语句一次。

(2) 计算表达式的值,为真则回到第一步,为假则终止 do…while 循环。

执行过程如图 4-4 所示。

图 4-4 do…while 语句的执行过程

> 提示:while 循环与 do…while 循环的区别: do…while 循环体中的语句至少执行一次,while 循环一开始时,计算布尔表达式的值,当表达式不成立时,循环体中的语句一次都不执行。

例如，用 do…while 循环结构来实现求 5 的阶乘：

```
int fac=1;
int x = 5;
do{
    fac *= x;
    x--;
}while(x>0);
```

定义整型变量 fac 用来存放计算阶乘的值，并初始化为 1，如果求多个数的和，这时记录和的变量初始化应该为 0；然后定义循环变量 x 并初始化为 5，这里如果是从文本框中输入的值，应该转换为整数；执行 do 循环体，循环体语句 fac *= x，等价于 fac = fac*x；然后循环变量 x 的值减 1，使之能逐步接近 0；循环体语句执行一次后，判断条件表达式 x>0 的值，如果值为 true，则返回循环体语句，继续执行，否则循环结束，执行 while 后面的语句。⑤

边学边做

⑤ 求阶乘时，为什么乘积变量的初值应为 1，而在求累加和时，累加和变量的初值为 0？当在程序中把乘积变量赋值为 0 时，会产生什么样的错误？在把累加和变量初值赋为 1 时，又会产生什么样的错误？

_____
_____
_____

【例 4-1】单科成绩统计。

在第 3 章的 Task3-2 中，使用 if 分支结构对一个分数所处等级进行了判断。现在要求对所有同学某一科目的成绩进行分析统计，分别给出各等级中学生的人数和百分比。可采用如图 4-5 所示的程序界面。成绩是通过 TextBox 文本框输入的，成绩之间用逗号分隔。单击"统计"按钮后，从文本框中根据逗号的位置，逐个分解出每个成绩，然后判断该成绩的等级，并把相应等级的人数增加 1。最后根据每个等级的人数和总人数，得到该等级的百分比。

图 4-5 成绩统计程序界面

实现步骤：

（1）在解决方案 Chapter4 中，添加一个新项目，项目名称为"Exa4-1"。

（2）拖动相应控件到窗体恰当位置，相应的属性值见表 4-2。本例的界面设计中，有较多相似的控件，此时可以采用控件复制的方法，不仅能提高界面设计速度，还能保证各相似控件具有相似的外观，保持界面的整体协调。

表 4-2 控件详细设置

序号	控件类型	主要属性	属性值
1	Form	Text	单科成绩统计
2	Label	Text	请输入学生成绩，用逗号分隔：
3	TextBox	Name	TxtScore
		Multiline	True
4	Label	Text	优秀人数：
5	Label	Text	良好人数：
6	Label	Text	中等人数
7	Label	Text	及格人数
8	Label	Text	不及格人数
9	Label	Text	优秀比例
10	Label	Text	良好比例
11	Label	Text	中等比例
12	Label	Text	及格比例
13	Label	Text	不及格比例
14	TextBox	ReadOnly	True
15	Button	Name	BtnSta
		Text	统计
16	Button	Name	BtnExit
		Text	退出

（3）编写程序代码，在按钮控件"BtnSta"上双击，进入单击事件代码窗口，输入如下代码：

```csharp
1   private void BtnSta_Click(object sender, EventArgs e)
2   {
3       if (TxtScore.Text != "")    //判断用户是否输入了分数  ⑥
4       {
5           int n;
6           string  StrOneScore;    //存放一个成绩
7           string  OneChar;        //存放成绩文本框中分解出一个字符
8           double d1, d2, d3, d4, d5, TotalScore;
//分别存放各等级人数和总人数
9           n = 0;
10          d1 = d2 = d3 = d4 = d5 = 0;
11          StrOneScore = "";
12          TxtScore.Text = TxtScore.Text + ",";   //成绩文本框的末尾
//添加一个",",用于分解出最后一个成绩      ⑦
13          while (n <TxtScore.Text.Length)   //用成绩文本框的长度作
//为循环控制条件,每次循环分解一个字符
14          {
15              OneChar= TxtScore.Text.Substring(n, 1);   //分解出一个
//字符⑧
16              n=n+1;   //下一个要分解的字符位置
17              if (OneChar != ",")
18              {   //与前一字符属于同一成绩
19                  StrOneScore = StrOneScore + OneChar;
20              }
21              else
22              { //获得了一个成绩
23                  switch ((int)(int.Parse (StrOneScore )/10))    ⑨
24                  {   //按成绩所处等级增加人数
25                  case 10:
26                  case 9:
27                      d1++;
28                      break ;
29                  case 8:
30                      d2++;
31                      break ;
32                  case 7:
33                      d3++;
34                      break ;
```

边学边做

⑥ 此处的条件判断中,""可否等价于" ",即空格和空是否一致?试着改写代码,看看程序是否有误。

⑦ 为什么要在成绩字符串的后面加上一个","?尝试把这条语句中的+","去掉,然后运行程序,分别输入几次成绩串,总结一下产生了什么错误。

⑧ Substring(n,1) 的具体含义是什么?

⑨ switch 表达式 (int)(int.Parse(StrOneScore)/10) 如何解释?

```
35              case 6:
36                  d4++;
37                  break;
38              default :
39                  d5++;
40                  break ;
41              }
42              StrOneScore = "";      //成绩变量清空   ⑩
43          }
44      }
45      textBox2.Text =d1.ToString ();    //显示各等级人数
46      textBox3.Text = d2.ToString();
47      textBox4.Text = d3.ToString();
48      textBox5.Text = d4.ToString();
49      textBox6.Text = d5.ToString();
50      TotalScore = d1 + d2 + d3 + d4 + d5;
51      textBox7.Text = ((d1/TotalScore)*100).ToString(); //显示
//各等级比例
52      textBox8.Text = ((d2/TotalScore) * 100).ToString();
53      textBox9.Text = ((d3/TotalScore) * 100).ToString();
54      textBox10.Text = ((d4/TotalScore) * 100).ToString();
55      textBox11.Text = ((d5/TotalScore) * 100).ToString();
56      }
57      else
58          MessageBox.Show("请输入学生成绩！");
59      }
60 } ⑪⑫
```

⑩ 为什么要将表示单个成绩的字符串变量清空？
_____
_____

⑪ 分析"退出"按钮实现的功能代码。
_____
_____

⑫ 以输入成绩字符串"45,98,36,85,65,67,60,93"为例，看一下程序执行的过程。首先，第 12 行代码中 TxtScore.Text 的值是多少？
_____

第 13 行的 while 循环执行多少次？
_____

第 15 行代码，n=8 时，分析出的是哪个字符？
_____

n=8 时，StrOneScore 的值是多少？
_____

当 StrOneScore="93"时，第 23 行 switch 语句中表达式的值是多少？哪个 case 分支成立？
_____

（4）运行程序，输入若干分数，单击"统计"按钮，显示各等级的人数和比例，如图 4-6 所示。

图 4-6　例 4-1 运行结果

关键术语

循环结构：Circulation structure

while：while

do…while：do…while

实训项目

1. 从字符串中统计一个字母出现的次数，可采用图 4-7 所示的程序界面。（提示：从字符串的第一个字符依次取到最后一个字符，分别与输入的字母相比较，定义一个整型变量，当二者比较相同时，将变量加 1，最后输出变量的值，将其转换成字符串格式，显示在窗体对应位置上。）

图 4-7　统计字母个数界面效果图

2. 编写程序，求 1～100 之间所有奇数的和。

3. 在我们使用手机和电脑的过程中，经常会遇到输入验证码的情形。验证码通常由数字和字母组成，现编写程序，判断用户输入的是否是数字或字母，如果包含其他字符，给出错误信息。

任务 4-2　提取整数中各位对应的数字

任务分析

输入一个 n 位整数，将数字的各个位一一分解，在每个位中间插入一个"-"号，并显示结果。解决该题目的思路是，提取文本框中输入字符串的一个字符，在其中插入"-"，重复执行提取一个字符的操作，直到最后一个字符提取结束。这里主要用到的是字符串处理方法 Substring()，重复提取是使用程序中的循环语句。可采用图 4-8 所示的界面。

用户输入整数内容并单击"提取"后，对用户输入的数进行提取，并将提取后的结果输出到结果对应的文本框中。程序流程如图 4-9 所示。

图 4-8　任务 4-2 界面效果

图 4-9　任务 4-2 程序流程

任务实现

（1）在解决方案 Chapter4 中，添加一个项目，名称为"Task4-2"；
（2）界面设计，拖动相应控件到窗体恰当位置，相应的属性值见表 4-3。

表 4-3 控件详细设置

序号	控 件 类 型	主 要 属 性	属 性 值
1	Form	Text	提取数字的各个位
2	TextBox	Name	TxtOrigin
3	TextBox	Name	TxtResult
4	Button	Name	BtnPick
		Text	提取

（3）双击"提取"按钮，生成 Click 事件，输入以下代码：

```
1 private void BtnPick_Click(object sender, EventArgs e)
2 {
3     string s="";
4     string origin=TxtOrigin.Text;
5     int len = origin.Length;           ①
6     for (int i = 0; i<len;i++ )
7     {
8         s += "-" + origin.Substring(i, 1);   ②
9     }
10    TxtResult.Text=s.TrimStart('-');    ③
11 }
```

运行程序，输入"1234"，单击"提取"按钮，对应结果的文本框输出"1-2-3-4"。

边做边想

① 第 5 行代码中，Length 是字符串的属性，表示什么含义？

② 第 8 行代码中，如果把"+="换成"="，程序结果有什么变化？为什么？

③ 第 10 行代码中，TrimStart('-') 方法起到什么作用？

代码分析

第 3 行代码定义了一个字符串变量，变量名为 s，用来保存整数提取后的字符串内容。

第 4 行代码定义字符串变量 origin，变量的值为文本框 TxtOrigin 中的值。

第 5 行代码定义变量 len，变量的值是字符串的长度。

第 6 行代码开始定义 for 循环结构，for 后面括号中对应的表达式分别是：表达式 1 定义循环变量 i 并初始化为 1，表达式 2 表示循环的条件是循环变量小于字符串的长度，表达式 3 表示将循环变量 i 加 1。

第 8 行代码执行循环体语句，将字符串"-"连接 origin，从第 i 位取得一个字符。

第 10 行代码是将得到的结果显示在 TxtResult 文本框中。其中 s.TrimStart("-")方法是将字符串 s 中第一个字符"-"去掉。

从上面的分析中可以看出，如果在循环执行之前就可以确定循环的次数，可以使用 for 循环结构。

相关知识：for 语句、break 语句、continue 语句、foreach 语句

1. for 语句

C#的 for 循环是循环语句中最具特色的，它功能较强、灵活多变、使用广泛。在事先知道循环次数的情况下，使用 For 语句是比较方便的。for 语句的结构：

```
for(表达式 1；表达式 2；表达式 3)
{
        循环体语句块；
}
```

for 语句的执行过程如下：

（1）先求解表达式 1。

（2）求解表达式 2，若其值为真，则执行 for 语句中指定的循环语句块，然后执行第（3）步；若为假，则结束循环，转到第（5）步。

（3）求解表达式 3。

（4）转回第（2）步继续执行。

（5）循环结束，执行 for 语句下面的语句。

表达式 1 是设置循环控制变量的初值，在 for 循环的整个周期中，这个表达式仅仅计算一次，计算是在一开始进行的，并且在循环语句的执行之前进行，通常初始化表示先初始化一个作为计数器的整型变量；表达式 2 是布尔类型的表达式，作为循环控制条件，这里的布尔表达式可以写得很复杂，但是结果只能是 true 或者 false，布尔表达式通常用来验证计数器变量的状态；表达式 3 是按规律改变循环控制变量的值，这个规律是由题目决定的。其过程流程如图 4-10 所示。

for 循环是所谓的预测试循环，因为循环条件是在执行循环语句前计算的，如果循环条件为假，循环语句就根本不会执行。for 循环非常适合用于一个语句或语句块重复执行预定的次数。

图 4-10　for 语句执行过程流程

下面的例子就是使用 for 循环的典型用法，这段代码计算 1～100 的和。

```
int sum,i;        ①
sum=0;
for (i = 1; i <= 100; i ++)
{
    sum+=i;
}
```

边学边做

① 这段代码中循环变量 i 可以在 for 对应的表达式中直接定义，请改写。

_____
_____
_____

这里声明了一个 int 类型的变量 i 和变量 sum，其中 i 用作循环计数器，sum 用作接收求和的结果，对 sum 赋初值为 0。for 循环条件中，先将 i 赋值为 1，因为从 1 开始累加和，接着测试它是否小于等于 100，如果条件为 true，则执行循环体语句，这里必须小于等于 100，这样 i<=100 的条件为真，执行循环体语句，在 1～99 的和的基础上又加 100，才能满足题目要求。然后给该计数器加 1，再次执行该过程。当 i 大于 100 时，循环停止。

for 循环的几个特点：

（1）for 循环语句的表达式 1 和表达式 3 可以引入逗号运算符"，"，这样可以对多个变量赋初值或增值。上面的程序可以改写为 for(sum=0,i=1;i<=100;i++)，这里将 sum=0 和 i=1 通过逗号表达式一起作为表达式 1，使程序书写格式更简略。

（2）for 循环的三个条件表达式可以任意省略，但分号必须保留。例如：

for(sum=0,i=1;i<=100;){sum+=i;i++;}

这里将表达式 3 的 i++省略不写，但一定要注意，表达式 3 前面的分号必须要写，不能省略，i++放在循环体当中。

或者

for(sum=0,i=1; ; sum+=i,i++)

```
{
    if(i>100) break;
}
```

这里将表达式 2 省略，那么默认表达式 2 的值为 true，这样会使程序处于无限循环状态，所以在循环体中加入条件判断语句，当条件 i>100 为真时，break 语句跳出循环，break 语句的具体功能在后面的内容中会详细介绍。以上代码还可以改写成：

```
for( ; ; )
{
    sum+=i;
    i++;
    if(i>100)
        break;
}
```

这种情况是将表达式 1、表达式 2、表达式 3 全部省略，对应的内容放在循环体语句中。当然，针对这个题目，这样做反而使程序复杂化，只是使读者理解，for 对应的表达式都可以省略，但对应的分号不能省略。

（3）可以在 for 循环内部声明循环变量。

如果循环控制变量只在这个循环中用到，那么为了更有效地使用变量，也可以在 for 循环的初始化部分（表达式 1）声明该变量，当然，这个变量只能在这个循环内起作用，例如，上述例子可以改写成 for(int i=1;i<=100;i++)sum+=i;，这样更能清晰地表达出循环变量 i 的作用范围。②

（4）在程序设计过程中，常常需要使用循环的嵌套来处理重复操作。而在处理重复操作时，往往又需要根据某一条件改变循环正常流程。当一个循环（称为"外循环"）的循环语句序列内包含另一个或若干个循环（称为"内循环"），称为循环的嵌套，这种语句结构称为多重循环结构。下面例子实现了两个循环的嵌套，用于打印字母表及其对应的 ASCII 码。

【例 4-2】打出字母表及对应的 ASCII 码。

（1）在解决方案 Chapter4 中添加一个新项目，项目名称为"Exa4-2"。

（2）把下面这段代码放在按钮的 Click 事件中，此处不再介绍详细的界面设计步骤。

（3）写入如下代码：

```
const int StartChar = 'A';
const int EndChar = 'Z';
const int CharPerLine = 5; ③
```

边学边做

② 请将该 for 语句分别用 while 和 do...while 语句进行改写。
_____
_____
_____

③ 常量 CharPerLine 的作用是什么？其值为 5 表示什么？把 5 改为 6，程序的运行结果有何不同？
_____
_____
_____

④ 该语句起到什么作用？如果去掉该语句，程序的运行结果是什么？
_____
_____
_____

```
string result = "";
for (int i = StartChar; i <= EndChar; i += CharPerLine)
{
    for (int j = 0; j < CharPerLine; j++)
    {
        result += string.Format("{0}={1}     ", i + j, (char)(i + j));
    }
    result += "\n"; ④
}
MessageBox.Show(result);
```

● 上述例子中，首先声明并初始化计算过程中用到的变量，其中变量 StartChar、EndChar、CharPerLine 在程序运行中不发生改变，所以将这三个变量定义成常量。利用关键字 const 定义。为了与变量相区别，使程序更具可读性，通常使用大写字母来定义常量。例如，const int StartChar = 'A'。这部分内容可以参考前面章节讲过的内容。变量 result 用来保存打印的字母表字符串。

● 代码中的第一个 for 循环称为"外循环"，用于控制将要输出的行数；第二个循环称为"内循环"，用于控制每行输出的具体的字符及字符个数。

● 如果外层循环控制变量 i 的值小于或等于 EndChar，就执行外层循环的嵌套语句。外层循环包含一个 for 循环。外层循环每循环一次，循环控制变量 i 就递增 CharPerLine。

● 如果内层循环控制变量 j 的值小于 CharPerLine，就执行内层循环的嵌入语句，内层循环每循环一次，循环控制变量 j 就递增 1。

● 在外层循环中定义的局部变量 i 在内层循环中并没有超出作用范围。但是，在内层循环中定义的局部变量 j 在外层循环中却是无效的。

图 4-11　字母表输出效果 1

上面的例子运行后输出的结果如图 4-11 所示。

从图中可以看出，结果中不仅打出 A~Z 对应的字母表及其 ASCII 码，还打出了 ASCII 为 91~94 所对应的 4 个字符，那么怎样才能只打出到大写字母"Z"就停止呢？这里需要利用 break 语句来实现。下面就开始学习跳转语句 break 和 continue。

2. break 语句

break 语句结构：

break;

break 语句只能用于循环语句或 switch 语句中，如果在 switch 语句中执行到 break 语句，则立刻从 switch 语句中跳出，转到 switch 语句的下一条语句。这在前面章节已经介绍过。如果在循环语句中执行到 break 语句，则会导致循环立刻结束，跳转到循环语句的下一条语句。不管循环嵌套多少层，break 语句只能从包含它的最内层循环跳出一层。break 语句通常与 if 语句配合，以达到在某种条件时从循环体内跳出的目的。

下面的代码仍然以前面输出字母表及对应的 ASCII 码值为例，试比较改动后的代码和前面代码的区别，并领会 break 语句的用处。

```
const int StartChar = 'A';
const int EndChar = 'Z';
const int charPerline = 5;
string result = "";
for (int i = StartChar; i <= EndChar; i += charPerline)
{
    for (int j = 0; j < charPerline; j++)
    {
        if((i+j)>EndChar)    ⑤
            break;
        result += string.Format("{0}={1}    ", i + j, (char)(i + j));
    }
    result += "\n";
}
MessageBox.Show(result);    ⑥
```

边学边做

⑤ 此处的条件表示什么含义？将大于改为大于等于，则程序的运行结果有何不同？

⑥ 在此段代码的基础上实现打出小写字母 a～z 及对应的 ASCII 码。

分析上面程序，当外层循环中循环变量 i="Z"时，执行内部循环，内部循环中执行第一次，if 条件表达式 i+j 的值等于 EndChar，表达式为假，执行 if 条件对应语句的后面内容，给 result 赋值为"Z"，执行下一次内循环，此时内循环变量 j 的值为 1，外循环变量 i 的值仍然是"Z"，此时 i+j>EndChar 的条件为真，执行 break 语句，跳出包含它的内循环，执行后面的语句，即结束循环体语句。可以看出这样得到的结果更加符合要求。结果如图 4-12 所示。

图 4-12 字母表输出效果 2

分析下面程序段，体会 break 语句的功能：

```
for (int i = 0; i < 20; i+=2)
{
    if (i == 10)   break;    ⑦
    Lable1.Text += i.toString();
```

边学边做

⑦ 改写该段代码，实现打出 0～15 之间的偶数。

}

该程序段如果没有 if 和 break 语句，实现的功能是打出 0～19 之间的偶数，现在加上 if 条件，当 i 等于 10 时，条件为真，执行 break 语句，跳出循环体语句，最终打出的是 0～8 之间的偶数。

3. continue 语句

continue 语句结构：

continue;

continue 语句用于循环语句中，continue 语句的作用是结束本次循环，跳过该语句之后的循环语句，返回到循环的起始处，并根据循环条件决定是否执行下一次循环。

例如，如果要求打出除了 7 以外的 0～9 的数字，只要在 for 循环执行到 7 时，跳过打出语句就可以了。

```
for(int i=0;i<10;i++)
{
  if(i==7)   continue;  ⑧
  MessageBox.Show("{0} ", i);
}
```

⑧ 改写该段代码实现只打出 0～6 的数字。
_____
_____
_____

本程序的运行结果为：0 1 2 3 4 5 6 8 9。

4. foreach 语句

与 C 语言相比，这是 C#增加的一个循环语句。它主要用于访问集合，以获取所需信息，但不应用于更改集合内容，以避免产生不可预知的副作用。此语句的形式如下：

```
foreach（type 集合元素 in 对象集合）
{
  嵌入语句;
}
```

因为数组的内容将在下一章节介绍，所以这里简单介绍一下 foreach 语句，在数组中将着重介绍。

【例 4-3】输出九九乘法表。

大家对乘法表都熟悉，第 1 行是"1×1=1"，第 2 行是"1×2=2   2×2=4"，依此类推。现在编写程序，使用双重循环，在界面上显示乘法表的格式。

实现步骤：

（1）在解决方案 Chapter4 中添加一个新项目，项目名称为"Exa4-3"。

（2）设计界面，拖动相应控件到窗体恰当位置，相应的属性值见表 4-4。

表 4-4 控件详细设置

序号	控件类型	主要属性	属性值
1	Form	Text	九九乘法表
2	Label	Name	LblOut
		Text	空
		AutoSize	false
		BorderStyle	Fixed3D
3	Button	Name	BtnDisp
		Text	输出乘法表

（3）写入如下代码：

```
private void BtnDisp_Click(object sender, EventArgs e)
{
    for (int i = 1; i < 10; i++)
    {
        for (int k = 1; k <= i; k++)
            LblOut.Text += string.Format("{0}×{1}={2,-3}", k, i, k * i);
        LblOut.Text += "\n";
    }
}⑨
```

边学边做

⑨ 修改程序，使其各行、各列间的间距更加宽松，效果更加美观协调（提示：在各行之间增加一行空行，也就是增加一个回车符，各列间调整 string.Format 方法）。

（4）运行程序，输出效果如图 4-13 所示。

图 4-13 九九乘法表输出效果

关键术语

for 语句：for statements
break 语句：break statements
continue 语句：continue statements

实训项目

1. 用户登录程序。当用户输入用户名和密码后，判断输入信息是否正确，若输入错误，则提示重新输入，直到输入正确才允许登录。编写用户登录程序，验证用户输入。（提示：利用 do…while 循环结构，其中循环条件为 true，循环体中写 if 条件判断，表达式应该是用户名等于"user"并且密码等于"123456"，如果条件为假，跳出循环体结构，利用 break 语句。）

2. 编写程序，以最简算法模拟抢红包。用户输入红包总金额和个数，每次分红包时，随机产生一个 1 至剩余红包个数之间的整数，按照此数均分剩余金额，至最后一个红包时，将剩余金额全部分配。

3. 使用双重循环输出如图 4-14 所示图形。

```
        *
       ***
      *****
     *******
    *********
```

图 4-14　输出图形

第 5 章 程序中的数组

技能目标
- 能够熟练、准确地使用数组保存大量同类型的数据
- 能够准确定义与引用一维数组
- 能够准确定义与引用二维数组

知识目标
- 理解数组的概念
- 掌握一维数组的定义与引用方法
- 掌握二维数组的定义与引用方法

素质目标
- 能够正确使用 Array 类
- 能够根据实际需求采用不同的数据存储结构
- 灵活处理问题

任务 5-1 单科成绩分析

任务分析

在第 4 章的例 4-1 中,用程序实现了对某一科目成绩的统计,以字符串的形式输入一系列成绩,可以统计出各等级的学生人数和百分比。输入时要求用","分隔成绩。本次是对输入的若干成绩找出最高分、最低分,并计算平均分。采用如图 5-1 所示的程序界面。此处假定学生总数为 10 人。

用户输入 10 个学生的成绩之后,单击"计算"按钮,程序将用户输入的包含这 10 个成绩的字符串进行分解,分解后得到的 10 个成绩保存在一维数组中,然后使用循环对这 10 个成绩累加,以便获得平均分,同时,设置两个保存最高分和最低分的变量,并将这两个变量初值设置为数组中的第一个元素的值,逐一与 10 个成绩相比较,保证这两个变量中永远都是已比较过的成绩中的最高分、最低分;最后将最高分、最低分、平均分显示在对应标签上。

图 5-1　界面效果

任务实现

（1）新建"Windows 应用程序"项目，解决方案的名称为"Chapter5"，项目名称为"Task5-1"。

（2）设计界面，参考图 5-1 设计程序界面。控件的各属性设置见表 5-1。

表 5-1　控件的各属性设置

序号	控件类型	主要属性	属　性　值
1	Label	Text	请输入 10 个学生的成绩，成绩之间用逗号分隔：
2	TextBox	Name	txtScore
		Text	为空
3	Button	Name	btnCompute
		Text	计算
4	Label	Text	最高分：
5	Label	Text	最低分：
6	Label	Text	平均分：
7	Label	Name	lblMax
		Text	为空
8	Label	Name	lblMin
		Text	为空
9	Label	Name	lblAvg
		Text	为空

（3）编写程序代码。在按钮控件"btnCompute"上双击，进入单击事件代码窗口，输入如下代码：

```
1  private void btnCompute_Click(object sender, EventArgs e)
2  {
3      double[] grade = new double[10];
4      double total = 0, max, min, average;
5      int i;
6      char[] separator ={','};
7      string[] gradetext;
8      gradetext = txtscore.Text.Split(separator); ①




9      max = Convert.ToDouble(gradetext[0]); ②
10     min = Convert.ToDouble(gradetext[0]);



11     for (i = 0; i < gradetext.Length; i++) ③
12     {
13         grade[i] = Convert.ToDouble(gradetext[i]);
14         total += grade[i];
15         if (grade[i] > max) max = grade[i];
16         if (grade[i] < min) min = grade[i];
17     }
18     average = total / grade.Length;
19     lblMax.Text = max.ToString(); ④
20     lblMin.Text = min.ToString();
21     lblAvg.Text = average.ToString();
22 }
```

边做边想

① 在第 4 章的例 4-1 中，使用了 While 循环从成绩字符串中分解出每一个成绩，而此处仅仅使用了第 8 行这一行语句就实现了成绩的分解。查阅一下 Split 方法的作用是什么？该方法和数组有什么联系？
_____
_____
_____

② 用 Convert.ToDouble() 方法可以将字符串转换成 Double 类型，是否可以使用 Parse 方法进行转换？如何转换？
_____
_____
_____

③ 将 for 循环中的 i<gradetext.Length 改成 i<=gradetext.Length 之后,运行程序，是否会出现错误，该错误是什么类型的错误？
_____
_____
_____

④ 为什么要在 max 的后面添加 ToString()方法，不添加会怎样？是否可以直接将 max 赋值给 lblMax？
_____
_____
_____

（4）运行程序，先在文本框中输入 10 个成绩，单击"计算"按钮，会显示出所输入成绩中的最高分、最低分和平均分。

上面实现了在 10 个成绩中找出最高分、最低分和计算平均分，在输入成绩时，每个

图 5-2 界面效果

成绩之间需加入一个","，这对于初级的操作用户来说可能不易理解和掌握，他们更习惯每次输入一个成绩，按 Enter 键后再输入下一个。下面再用另一种方式来实现成绩分析。界面效果如图 5-2 所示。

在这种方法中，用户录入一个成绩之后，单击"下一个"按钮，将文本框中的成绩放入数组中，并清空文本框，等待下一次录入，并统计录入的次数。当录入的次数小于 10 时，"下一个"按钮是可用的；当录入的次数等于 10 时，表明已经录入了 10 个成绩，此时"下一个"按钮失效。单击"计算"按钮时，程序将对保存这 10 个成绩的一维数组进行运算。实现步骤如下：

（1）在解决方案资源管理器中，为项目"Task5-1"添加一个新窗体"Form2"，并修改 Program.cs 中的代码，将语句 Application.Run(new Form1()); 修改成 Application.Run(new Form2());，也就是将 Form2 窗体设置为启动窗体。按照图 5-2 完成界面设计，控件的各属性设置见表 5-2。

表 5-2 控件的各属性设置

序号	控件类型	主要属性	属 性 值
1	Label	Text	请输入学生的成绩，一次只能输入一个成绩，共计输入 10 次
2	TextBox	Name	txtScore
		Text	为空
3	Button	Name	btnCompute
		Text	计算
4	Button	Name	btnNext
		Text	下一个
5	Label	Text	最高分：
6	Label	Text	最低分：
7	Label	Text	平均分：
8	Label	Name	lblMax
		Text	为空
9	Label	Name	lblMin
		Text	为空
10	Label	Name	lblAvg
		Text	为空

（2）编写程序代码。

● 在类 Form2 中定义一维数组 grade 和变量 n，也就是在 Form2.cs 代码文件中 public partial class Form2: Form 代码所对应的"{ }"内，写入下面两条语句：⑤

```
double[] grade = new double[10];
int n = 0;
```

● 在按钮控件"btnNext"上双击，进入单击事件代码窗口，输入如下代码：

```
1 private void btnNext_Click(object sender, EventArgs e)
2 {
3     grade[n] = Convert.ToDouble(txtScore.Text.Trim()); ⑥
4     txtScore.Text = "";
5     txtScore.Focus(); ⑦
6     ++n;
7     if (n >= 10) btnNext.Enabled = false; ⑧
8 }
```

边做边想

⑤ 为什么要将数组 grade 和变量 n 放在类 Form2 中定义呢？
_____
_____
_____

⑥ Trim()方法的作用是什么？是否可以去掉？
_____
_____
_____

⑦ Focus()方法的作用是什么？
_____
_____
_____

⑧ 如何实现使"下一个"按钮失效的？
_____
_____
_____

● 在按钮控件"btnCompute"上双击，进入单击事件代码窗口，输入如下代码：

```
1   private void btnCompute_Click(object sender, EventArgs e)
2   {
3       double total = 0, max, min, average;
4       min = max = grade[0];
5       for (int i = 0; i < grade.Length; i++)
6       {
7           total += grade[i];
8           if (grade[i] > max) max = grade[i];
9           if (grade[i] < min) min = grade[i];
10      }
11      average = total / grade.Length;
12      lblMax.Text = max.ToString();
13      lblMin.Text = min.ToString();
14      lblAvg.Text = average.ToString();
15  }
```

（3）运行程序，输入一个成绩，单击"下一个"按钮，再接着输入成绩，重复此过程，直到录入 10 个成绩为止。此时，单击"计算"按钮，便会显示出所输入成绩中的最高分、最低分和平均分。

代码分析

1. 第一种成绩录入方式

第 3 行代码声明 double 型数组 grade，用于保存 10 个成绩。

第 4 行代码声明 double 变量 total、max、min 和 average，分别用于保存总分、最高分、最低分和平均分，其中 total 变量初始化为 0。

第 5 行代码声明 int 变量 i，用作循环控制变量。

第 6 行代码声明字符型数组 separator，存放的是成绩之间的分隔符","。

第 7～8 行代码声明字符串数组 gradetext，并将在文本框中输入的成绩（是一个字符串，成绩之间用逗号分隔）通过分解字符串的方式提出来，放到 gradetext 数组中进行存放。

第 9～10 行代码将第一个数组元素 gradetext[0]在进行类型转换之后分别赋值给 max 与 min。

第 11～17 行代码通过 for 循环结构，逐一访问 gradetext 中的元素，进行类型转换之后赋值给 grade 数组，并累加求和，计算出总成绩。通过 if 语句，循环第一次，将 max 与 min 分别与数组元素 grade[0]比较，将两者中的较大值存储到 max 变量中，较小值存储在 min 变量中。继续下一次循环，将 max 与 min 分别与数组元素 grade[1]比较，将两者中的较大值存储到 max 变量中，较小值存储在 min 变量中，依此类推，当循环变量 i 大于等于数组的长度 grade.Length 时，退出循环。此时，变量 max 和 min 分别存储的是数组元素中的最大值和最小值。

第 11 行代码用总成绩除以数组的长度（即总课程数量）、计算平均分。

第 12～14 行代码输出最终结果。

2. 第二种成绩录入方式

首先在类 Form2 中声明了一个一维数组 grade 和一个变量 n，分别用来存放输入的成绩和记录输入的次数。

"下一个"按钮的 Click 事件代码：

第 2 行代码将文本框中输入的成绩存放在数组 grade 中。

第 3～4 行代码将文本框清空，并让文本框获得焦点，等待下一次输入。

第 5 行代码将变量 n 加 1，以记录输入成绩的次数。

第 6 行代码判断当前 n 的值是否大于或等于 10，如果是，则表示已经录入了 10 个成绩，不能再继续录入了，此时，让"下一个"按钮禁用。

按钮"计算"的 Click 事件代码：

第 3 行代码声明 double 变量 total、max、min 和 average，分别用于保存总分、最高分、最低分和平均分，其中 total 变量初始化为 0。

第 4 行代码将第一个数组元素 grade[0]分别赋值给 max 与 min。

第 5～10 行代码通过 for 循环结构，逐一访问每一成绩并累加求和，计算出总成绩。通过 if 语句，循环第一次，将 max 与 min 分别与数组元素 grade[0]比较，将两者中的较大值存储到 max 变量中，较小值存储在 min 变量中。继续下一次循环，将 max 与 min 分别与数组元素 grade[1]比较，将两者中的较大值存储到 max 变量中，较小值存储在 min 变量中，依此类推，当循环变量 i 大于等于数组的长度 grade.Length 时，退出循环。此时，变量 max 和 min 分别存储的是数组元素中的最大值和最小值。

第 11 行代码用总成绩除以数组的长度（即总课程数量）计算平均分。

第 12~14 行代码输出最终结果。

从上面对任务的分析中可以看出，程序中需要使用大量同类型数据时，需要定义数组类型。

相关知识：数组、一维数组、Foreach

1. 数组的基本概念

在前面的章节中涉及的变量，都属于单一变量，也就是一个变量只能存储一个数据。但是，在实际应用中，往往需要处理一批相同类型的数据。例如，200 个学生的成绩，对于这批数据可以声明 200 个变量：DblScore1、DblScore2、…、DblScore200。但是处理这么多单个变量会非常烦琐，比如，要显示这 200 个成绩，就得使用 200 个显示的语句，这种做法是不切实际的。通常，在程序中，对于一些名字类似、类型相同的批量数据，可以引入数组来表示它们，然后使用循环结构来统一处理。①

数组是一种数据结构，是具有相同名字和类型的连续的内存空间的组合，用于对同一数据类型的数据进行批量处理。数组中的每一个数据称为数组元素，都可以通过数组名及唯一的下标来存取，下标也叫索引（Index），用来指出某个数组元素在数组中的位置。数组中第一个元素的下标默认为 0，第二个元素的下标为 1，依此类推。所以数组元素的最大下标比数组元素个数少 1，即如果某一数组有 n 个元素，则其最大下标为 $n-1$。例如，在任务 5-1 中，声明了一个包含 10 个元素的数组 grade，在程序中使用 grade[0]、grade[1]、…、grade[9]来引用这 10 个数据。数组的下标必须是非负值的整型数据。②

C#中的数组主要有三种形式：一维数组、多维数组和不规则数组。如果只用一个下标就能确定一个数组元素在数组中的位置，则称该数组为一维数组。也可以说，由具有一个下标的下标变量所组成的数组称为一维数组，如 A[0]就是一维数组 A 中的第一个数组元素。而由具有两个或多个下标的下标变量所组成的数组称为二维数组或多维数组，多维数组元素的下标之间用逗号分隔，如 A[0,1]表示是一个二维数组中的元素。③

边学边做

①"一个数组中的元素可以是多种类型的数据"的说法正确么？为什么？
_____
_____
_____

②有一长度为 5 的数组 A，请写出该数组中各个元素的下标值。
_____
_____
_____

③表示二维数组某个元素的两个下标的初始值和最大值分别为多少？
_____
_____

2. 一维数组

1）一维数组的声明

在程序中，数组必须声明后才可以使用，也就是指明数组的名称和类型。声明一维数组的格式为：

数据类型 [ ] 数组名;

例如，下面是几个不同类型的数组定义：

int[ ] arr;   //定义一个 int 型的一维数组 arr
float[ ] grade;   //定义一个 float 型的一维数组 grade
string[ ] name;   //定义一个 string 型的一维数组 name

2）一维数组的实例化

数组在声明后必须实例化才可以使用。实例化数组的格式为：

数组名称=new 数据类型[数组长度];   //数组长度用整数表示

例如：

arr=new int[5];

使数组包含 5 个元素。声明数组过程中，声明变量与实例化变量这两个环节可以用一条语句完成：

数据类型[ ] 数组名 = new 数据类型[数组长度];

数组长度是数组中数组元素的总个数。

例如，下面的语句就实现了定义一维整数类型的数组 age，其长度为 5。

int[ ] age=new int[5];

该声明方式等同于下述声明方式的组合：

int[ ] age;
age = new int[5];

指定数组元素个数的"数组长度"，其值为整型，可以是一个常量表达式，也可以是一个变量表达式。④

int Size=5;
int[ ] age=new int[Size];

边学边做

④"数组的索引可以为浮点类型"，说法正确吗？

_____

_____

_____

C#允许声明元素个数为 0 的数组，例如：

int[ ] A=new int[0];

3）一维数组的初始化

数组的初始化也就是给数组元素赋初值。在用 new 运算符生成数组实例时，若没有对数组元素初始化，则取它们的默认值。表 5-3 给出了不同数据类型对应的默认值。

表 5-3 不同数据类型对应的默认值

数 据 类 型	默 认 值
string	null
char	null

续表

数 据 类 型	默 认 值
boolean	false
int	0
float	0

数组在实例化时，可以为元素指定初始化值。初始化数组的方法有四种：

● 数据声明与初始化同时进行，数组长度的值应该与大括号内的数据个数一致。其语法形式为：

数据类型[ ]　数组名称=new　数据类型[数组长度]{值1,值2...};

例如：

int[ ] arr = new int[5]{1,2,3,4,5};

如果数组长度的值与大括号内的数据个数不一致，那么程序编译提示错误。例如：

int[ ] arr = new int[4]{1,2,3,4,5}; //错误提示为"无效的秩说明符"

int[ ] arr = new int[6]{1,2,3,4,5}; //错误提示为"无效的秩说明符" ⑤

边学边做

⑤以下初始化数组的语句是否正确？为什么？

int[4] arr=new int[]{1,2,3,4};

_____

_____

_____

● 省略数组长度，由编译系统根据初始化表中的数据个数，自动计算数组的大小。其语法形式为：

数据类型[ ]　数组名称=new　数据类型[ ]{值1,值2...};

例如：

int[ ] arr = new int[ ]{1,2,3,4,5};

● 数据声明与初始化同时进行，还可以省略new运算符。其语法形式为：

数据类型[ ]　数组名称= {值1,值2...};

例如：

int[ ] arr = {1,2,3,4,5};

● 把声明与初始化分别在不同的语句中进行时，数组长度可以默认。其语法形式为：

数据类型[ ]　数组名称;

数组名称=new　数据类型[数组长度]{值1,值2...};

例如：

int[ ] arr ;

arr= new int[5]{1,2,3,4,5};

以下数组初始化实例都是等同的：

string[ ]weekDays=new string[7]{"Sun","Mon","Tue","Wed","Thu","Fri","Sat"};

string[ ]weekDays=new string[ ]{"Sun","Mon","Tue","Wed","Thu","Fri","Sat"};

string[ ] weekDays = {"Sun","Mon","Tue","Wed","Thu","Fri","Sat"};

```
string[ ] weekDays;
weekDays = new string[7]{"Sun", "Mon", "Tue", "Wed", "Thu", "Fri", "Sat"};
```
为数组指定初始化的值可以是变量表达式，例如：
```
int x=1,y=2;
int[ ] arr= new int[5]{x,y,x+y,y+y,y*y+1};
```

> 提示：一旦要为数组指定初始化值，就必须为数组的所有元素指定初始化值，指定值的个数既不能多于数组的元素个数，也不能少于数组的元素个数。

4）一维数组的引用

对数组进行访问时，只能对数组的某一个元素进行单独的访问，而不能对整个数组的全部数据进行访问。数组元素的引用形式如下：

数组名[下标]

下标即数组元素的索引值，实际上就是要访问的那个数组元素在内存中的相对位移。相对位移是从 0 开始的，所以下标的值从 0 到数组元素的个数−1 为止。

图 5-3 给出了一个简单的数组示意图。该数组名称为 age，数组中有 7 个元素，每个元素均为正整数，对应的元素下标依次为 0～6，因此元素的数据值依次为 age[0]=9、age[1]=8、age[2]=15、…、age[6]=24。

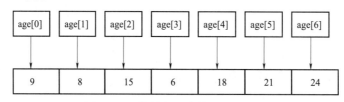

图 5-3　一维数组元素排列示意图

认真分析下面程序内容：
```
int x=4,y=5;
int[ ] A=new int[3]{1,2,3};
x=A[0];                //使用数组第 1 个元素的值为其他变量赋值
A[1]=y;                //为数组第 2 个元素赋值
```
在访问数组元素时，要注意不要使下标越界。例如：
```
int[ ] A=new int[5];
A[5]=15; ⑥
```

边学边做

⑥ 如何对该段代码进行修改，才不会出现越界的错误？
_____
_____
_____

上面程序段编译时会有错误，因为数组 A 的长度是 5，所以数组元素的最大下标值为 4，这里引用数组元素 A[5]，提示"下标越界"错误。

可以在实例化数组时为数组的所有元素初始化指定的值，但不能在赋值语句中使用一个赋值运算符为整个数组赋值，例如：

```
int[ ] A=new int[3]{1,2,3};      // 正确
A={4,5,6};                        // 错误，试图为整个数组赋值
```

由于数组下标连续递增的特点，对数组的引用通常用 For 循环来实现。例如：

```
int[ ] A = new int[4]{1，3，5，6};
for(int k=0;k<4;k++)⑦
{
    Label1.Text += A[k];
}
```

⑦ 语句 for(int k=0; k<4; k++) 是否可以改为 for(int k=0;k<=4;k++)，为什么？
_____
_____
_____

该段代码首先定义数组变量 A，数组元素类型为整型，长度为 4，各数组元素的初始值依次为列表中数字，然后利用 For 循环结构，将数组内的每个元素值显示在 Label 控件上。

需要特别注意的是，C#语言本身不会对数组做边界检查，即不会检查下标值是否在规定的范围内。因此，要求程序设计者在设计时对边界做必要的检查，以保证下标不会超出边界。例如，对于上面的程序段，如果稍有疏忽，写成下面的形式：

```
int[ ] A = new int[4]{1，3，5，6};
for(int k=0;k<5;k++)
{
    Lable1.Text += A[k];
}
```

上面的程序中，数组 A 的长度是 4，其最大下标值是 3，这里的 k 最大可以是 4。对于数组下标越界的情况，系统运行时将给出相应的错误信息，如"下标越界"。为了避免出现这种问题，通常需要使用数组的 Length 属性来获取数组的长度。上面代码可以修改为：

```
int[ ] A = new int[4];
int k;
for(k=0;k<A.length;k++)
{
    Lable1.Text += A[k];
}
```

【例 5-1】根据日期显示欢迎词。

读取系统时间的年、月、日及星期几，通过对话框的形式，显示"今天是某年某月某日星期几"，更改系统时间，然后再运行程序，分析结果。实现步骤如下：

（1）打开解决方案"Chapter5"，添加新项目，项目名称为"Exa5-1"。

（2）界面设计，可把这段代码放在按钮的 Click 事件中，此处不再介绍详细的界面设计步骤。

（3）写入如下代码：

```
string y, m, d,week;
string[] weekDays = new string[] { "Monday", "Tuesday", "Wednesday", "Thursday", "Friday", "Saturday", "Sunday" };
```

```
y = DateTime.Today.Year.ToString();
m = DateTime.Today.Month.ToString();
d = DateTime.Today.Day.ToString();
week = DateTime.Today.DayOfWeek.ToString();
for (int i = 0; i < 7; i++)
    {
        if (weekDays[i] == week)
        MessageBox.Show("今天是" + y + "年" + m + "月" + d + "日"+"星期" + (i+1)+",欢迎你！");
    }
```

声明 string 类型变量 y，m，d，week，分别用来接收年月日和星期的值，string 类型数组 weekDays 的每个元素都是 string 类型，初始化数组为星期一至星期日各英文的缩写。通过 DateTime.Today.Year.ToString()、DateTime.Today.Month.ToString()、DateTime.Today.Day.ToString()，分别获取系统时间的年、月、日的值并将其转换成字符串形式赋值给相应的变量，使用 DateTime.Today.DayOfWeek.ToString()方法读取当前星期的英文形式，例如"Monday"，然后用 for 语句通过循环将每个数组元素与读取的当前星期做比较，根据比较结果显示星期的数字形式，效果如图 5-4 所示。⑧

边学边做

⑧ 改变系统时间，再次运行程序例 5-1，会得到什么不同的结果？试分析这种不同的结果是如何造成的。哪条语句起了关键性的作用？

_____

_____

_____

图 5-4 例 5-1 显示效果

【例 5-2】人物查找。

在第 3 章的任务 3-2 中，使用了多分支结构实现了四小天后的查找。试想，如果需要从 100 多个学生中查找某位同学，是否需要重复写 100 多个分支呢？这种设计思路显然是不可行的。现在使用分支、循环、数组实现从 10 个人物中查找某人。在后面的练习中，将实现 30 个人的查找。可采用如图 5-5 所示的程序界面，

图 5-5 人物查找的程序界面

界面设计参考表 5-4。

表 5-4 控件详细设置

序号	控件类型	主要属性	属性值
1	Form1	Text	人物查找
2	Label	Text	请输入人名:
3	Label	Text	详细信息
4	TextBox	Name	TxtMessage
5	TextBox	Name	TxtName

"显示"按钮的 Click 事件代码如下:

```
private void buttonOK_Click(object sender, EventArgs e)
{
    txtMessage.Text = "";
    string[] name = new string[10] { "王小明","张云","高山","赵伟","乔燕","张阳","何东","孙亮","钱丁","李丽" };    //声明一维数组存放人名
    string[] message = new string[10] { "a", "b", "c", "d", "e", "f", "g", "h", "i", "j" };
//声明一维数组存放人的详细信息
    string person = txtName.Text;    //定义变量存储人名文本框的值
    for (int i = 0; i < name.Length; i++)
    {
        if (name[i].Equals(person))    //比较数组元素与变量值是否相等
        {
            txtMessage.Text = message[i];    //将对应数组下标的信息数组元素值显示在文本框中
        }
    }
    if (txtMessage.Text == "")
    {
        MessageBox.Show("查无此人");
    }
}
```

在上面的代码中,定义了两个一维数组 name 和 message,分别用来存放人名和关于该人的详细信息(程序中为了简便,用字母代替了详细信息)。这里需要注意的是,人名和其详细信息的位置一定要一致,比如,"高山"是 name 数组中的第 3 个人名,那么"高山"的详细信息应放置在数组 message 的第 3 个位置,这样在程序中才可以根据查找到的某人名在 name 数组中的位置来得到其在 message 数组中的详细信息。⑨

边学边做

⑨ 例 5-2 中是如何保证人名和其相应详细信息的位置的一致性的?哪个变量起到了关键的作用?

【例5-3】单科成绩排名。

修改任务5-1，实现对单科成绩排名次，在录入成绩的同时录入学生的姓名，排序后显示学生的名次表，由低分到高分显示学生的姓名和成绩。实现步骤如下：

（1）打开解决方案"Charpte5"，添加新项目，项目名称为"Exa5-3"。

（2）界面设计参考表5-5，效果如图5-6所示。

表5-5 控件详细设置

序号	控件类型	主要属性	属 性 值
1	Label	Text	请输入10个学生的成绩，每个学生成绩输入格式为："姓名，成绩"，同学之间用逗号分隔：
2	TextBox	Name	txtnamescore
3	Label	Name	lblresult
		Text	为空
4	Button	Name	btnorder
		Text	排序

图5-6 单科成绩排名的程序界面

（3）"排序"按钮的Click事件代码如下：

```
private void btnorder_Click(object sender, EventArgs e)
{
    double[] grade = new double[10];
    int i,j,k,m;
    char[] separator ={ ',' };⑩
    string[] namegradetext;
```

边学边做

⑩ separator 数组的作用是什么？所存放的值是如何确定的？

_____

_____

_____

```
string[] name=new string[10];
string result="";
namegradetext = txtnamescore.Text.Split(separator);
j=0;
for (i = 0; i < namegradetext.Length; i = i + 2)
{
    name[j] = namegradetext[i];
    j = j + 1;
}
k = 0;
for (i = 1; i < namegradetext.Length; i = i + 2)  ⑪
{
    grade[k] = Convert.ToDouble(namegradetext[i]);
    k = k + 1;
}
double tmpscore;
string tmpname;  ⑫
for (k = 0; k <10; k++)
    for (m = 9; m > k; m--)
    {
        if (grade[m] < grade[m - 1])  ⑬
        {
            j = m;
            tmpscore = grade[m];
            grade[m] = grade[m- 1];
            grade[m- 1] = tmpscore;  ⑭
            tmpname = name[j];
            name[j] = name[j - 1];
            name[j - 1] = tmpname;
        }
    }
j = k = 0;
while (j < 10 && k < 10)
{
    result = result + name[j] + ":" + grade[k] + "\n";  ⑮
    j++;
    k++;
}
lblresult.Text = result;
}  ⑯
```

⑪ 这两个 for 循环中，循环变量 i 的初始值分别为 0 和 1，每次循环 i 的增量为 2，为什么？

⑫ 变量 tmpscore 和 tmpname 的作用是什么？

⑬ if 语句的条件 grade[m] < grade[m - 1]表示什么意思？

⑭ 这三条语句
tmpscore = grade[m];
grade[m] = grade[m- 1];
grade[m- 1] = tmpscore;
实现了两个成绩的互换，为什么后面的 name 数组的元素也进行了交换呢？

⑮ 此处的"\n"有什么作用？设想一下输出的格式有什么特点。

⑯ 参考任务 5–1 的第 2 种实现方式，将程序例 5-3 改成在两个文本框中分别输入学生的姓名和成绩，单击"下一个"按钮，录入下一个学生的姓名和成绩，直到 10 个学生都录完为止。最后单击"排序"按钮，实现由低到高排序的功能。

声明两个一维数组 grade 和 name，分别用来存放从文本框中分解字符串得到的成绩和姓名，然后对成绩数组进行排序。在排序的过程中，如果成绩数组中的元素发生了交换，则姓名数组中相对应的元素也要交换。

3. Foreach 循环语句

C#专门提供了一种用于处理数组的 Foreach 循环语句。Foreach 循环语句的格式为：

Foreach(类型名称 变量名称 in 数组名称){循环体}

语句中的"变量名称"是一个循环变量，在循环中，该变量依次获取数组中各元素的值。如果只是读取数组中的每个元素而不是更改，应尽量使用 Foreach 语句来完成，使程序具有更好的可读性和更快的执行速度。而且，使用 Foreach 语句不会出现诸如数组下标越界等异常情况。要注意，"变量名称"的类型必须与数组的类型一致。

例如，将任务 5-1 中第一种成绩录入方式的"计算"按钮的 Click 事件中的 for 循环（即 11～17 行代码）改成用 foreach 实现如下：⑰

```
foreach(string score in gradetext)
{
    grade=Convert.ToDouble(score);

    total+=grade;
    …
}
```

边学边做

⑰ 将例 5-2 中人物查找的 for 循环改用 foreach 语句形式。

_____
_____
_____

关键术语

数组：Array

一维数组：one dimensional array

Foreach 语句：Foreach sentence

实训项目

1. 定义一个包含 100 个元素的数组，并将所有下标为奇数的数组元素的初值设置为 1；下标为偶数的所有元素的初值设置为 0。

2. 显示英文月份。当用户输入某个月份的数字号码时，显示出该月对应的英文名称。若输入 0，则退出，并提供输入信息不合法提示。例如，如果用户输入 2，程序应显示 February。（提示：声明一个数组，将一年中 12 个月的英文存入其中。数组的下标和月份号码之间存在对应的关系：月份号码减 1，得到的值就是数组的下标，读取下标值对应的数组元素就是月份的英文名称。）

3. 编写一个程序，将输入的小写数字转换为大写形式。例如，输入 123，输出壹佰贰拾叁元整。

4. 编写一个程序，用来从随机产生的 6 个两位数中找出最大数及最大数的位置。设计界面如图 5-7 所示。程序运行时，单击"生成数组"按钮，将产生 6 个两位数并显示在对应的文本框中；单击"求最大值及位置"按钮，将从产生的 6 个两位数中找出最大值及其位置，并显示在对应的文本框中。（提示：可使用一个一维数组来存放随即产生的数，定义两个变量，分别用来保存数组的最大值及其位置。这里的位置应该是最大数对应数组的下标加 1。首先将数组元素中第一个元素的值和下标分别存储到定义的变量中，然后与数组的下一个元素进行比较，如果下一个元素比前一个元素的值大，则将下一个元素的值和下标分别记录到对应的变量中，依此类推，直到所有的数都比较完毕，最后变量中存储的就是数组元素的最大值及其对应的下标值。）

图 5-7　查找最大数位置的程序界面效果

任务 5-2　多科成绩分析

任务分析

首先录入 10 个学生的 5 科成绩，然后计算出每门课程的最高分、最低分与平均分。成绩的录入采取图 5-8 所示的界面。

图 5-8　界面效果

用户录入一个学生的 5 科成绩之后，单击"下一个"按钮，将文本框中的成绩放入数组中，清空文本框，等待下一次录入，并统计录入的次数。当录入的次数小于 10 时，"下一个"按钮是可用的；当录入的次数等于 10 时，表明已经录入了 10 个成绩，此时"下一个"按钮禁用,并且给出"已经录入完 10 个学生的成绩"的提示信息。单击"计算"按钮时,程序将对保存这 10 个学生的成绩二维数组进行运算,分别计算出每门课程的最高分、最低分和平均分;最后,将最高分、最低分、平均分显示在对应标签上。

任务实现

(1)打开解决方案"Chapter5",添加新项目,项目名称为"Task5-2"。
(2)界面设计,按照图 5-8 所示设计界面,具体各控件的设置可参考表 5-6。

表 5-6 各控件的设置

1	Label	Text	语文	14	Label	Text	为空
		Name	Label1			Name	lblyingyumax
2	TextBox	Text	为空	15	Label	Text	为空
		Name	txtyuwen			Name	lblzhengzhimax
3	Label	Text	数学	16	Label	Text	最低分
		Name	Label2			Name	Label7
4	TextBox	Text	为空	17	Label	Text	为空
		Name	txtshuxue			Name	lblyuwenmin
5	Label	Text	英语	18	Label	Text	为空
		Name	Label3			Name	lblshuxuemin
6	TextBox	Text	为空	19	Label	Text	为空
		Name	txtyingyu			Name	lblyingyumin
7	Label	Text	政治	20	Label	Text	为空
		Name	Label4			Name	lblzhengzhimin
8	TextBox	Name	txtzhengzhi	21	Label	Text	平均分
		Text	为空			Name	Label8
9	Label	Text	体育	22	Label	Text	为空
		Name	Label5			Name	lblyuwenavg
10	TextBox	Name	txttiyu	23	Label	Text	为空
		Text	为空			Name	lblshuxueavg
11	Label	Text	最高分	24	Label	Text	为空
		Name	Label6			Name	lblyingyuavg
12	Label	Text	为空	25	Label	Text	为空
		Name	lblyuwenmax			Name	lblzhengzhiavg
13	Label	Text	为空	26	Label	Text	为空
		Name	lblshuxuemax			Name	lbltiyuavg

（3）编写程序代码。

● 首先为类 Form1 定义两个现有数据成员：

```
double[,] score = new double[10,5];
int i = 0;
```

● 在"下一个"按钮控件上双击，进入单击事件代码窗口，输入如下代码：

```
1   private void btnnext_Click(object sender, EventArgs e)
2   {
3       if (i >= 10)
4       {
5           MessageBox.Show("已经录入完 10 个学生的成绩！");
6           btnnext.Enabled = false;
7       }
8       else
9       {
10          score[i,0] = Convert.ToDouble(txtyuwen.Text);
11          score[i,1] = Convert.ToDouble(txtshuxue.Text);
12          score[i,2] = Convert.ToDouble(txtyingyu.Text);
13          score[i,3] = Convert.ToDouble(txtzhengzhi.Text);
14          score[i,4] = Convert.ToDouble(txttiyu.Text);
15          txtyuwen.Text = "";
16          txtshuxue.Text = "";
17          txtyingyu.Text = "";
18          txtzhengzhi.Text = "";
19          txttiyu.Text = "";
20          txtyuwen.Focus();
21          i = i + 1;
22      }
23  }
```

● 在"计算"按钮控件上双击，进入单击事件代码窗口，输入如下代码。

```
1   private void btncompute_Click(object sender, EventArgs e)
2   {①②③
3       //求语文的最高分、最低分和平均分
4       double yuwenmax = score[0,0];
5       double yuwenmin=score[0,0];
6       double yuwenavg, yuwensum = 0;
7       for (int i = 0; i < 10; i++)④
8       {
```

边做边想

① 第 5 名同学的语文、数学、英语、政治、体育这 5 门课程的成绩，分别保存在哪些数组元素中？

_____
_____
_____

9	`if (score[i,0] > yuwenmax)`
10	`    yuwenmax = score[i,0];`
11	`else if (score[i,0] < yuwenmin)` ⑤
12	`    yuwenmin = score[i,0];`
13	`yuwensum = yuwensum + score[i,0];`
14	`}`
15	`yuwenavg = yuwensum / 10;`
16	`lblyuwenavg.Text = yuwenavg.ToString();`
17	`lblyuwenmax.Text = yuwenmax.ToString();`
18	`lblyuwenmin.Text = yuwenmin.ToString();`
19	`//求数学的最高分、最低分和平均分`
20	`double shuxuemax = score[0,1];`
21	`double shuxuemin = score[0,1];`
22	`double shuxueavg, shuxuesum = 0;`
23	`for (int i = 0; i < 10; i++)`
24	`{`
25	`    if (score[i,1] > shuxuemax)`
26	`        shuxuemax = score[i,1];`
27	`    else if (score[i,1] < shuxuemin)`
28	`        shuxuemin = score[i,1];`
29	`    shuxuesum = shuxuesum + score[i,1];`
30	`}`
31	`shuxueavg = shuxuesum / 10;`
32	`lblshuxueavg.Text = shuxueavg.ToString();`
33	`lblshuxuemax.Text = shuxuemax.ToString();`
34	`lblshuxuemin.Text = shuxuemin.ToString();`
35	`//求英语的最高分、最低分和平均分`
36	`double yingyumax = score[0,2];`
37	`double yingyumin = score[0,2];`
38	`double yingyuavg, yingyusum = 0;`
39	`for (int i = 0; i < 10; i++)`
40	`{`
41	`    if (score[i,2] > yingyumax)`
42	`        yingyumax = score[i,2];`
43	`    else if (score[i,2] < yingyumin)`
44	`        yingyumin = score[i,2];`
45	`    yingyusum = yingyusum + score[i,2];`
46	`}`

② 二维数组score的行和列分别代表什么含义？
_____
_____

③ 10 名同学的语文成绩存放在哪些数组元素中？
_____
_____

④ 将 for 循环中的 i<10 改成 i<=10 之后，运行程序，是否会出现错误？该错误是什么类型的错误？
_____
_____

⑤ 第11 行代码中的"else"能否去掉。也就是能否写成两条独立的"if"语句形式？为什么？
_____
_____

47	yingyuavg = yingyusum / 10;
48	lblyingyuavg.Text = yingyuavg.ToString();
49	lblyingyumax.Text = yingyumax.ToString();
50	lblyingyumin.Text = yingyumin.ToString();
51	//求政治的最高分、最低分和平均分
52	double zhengzhimax = score[0,3];
53	double zhengzhimin = score[0,3];
54	double zhengzhiavg, zhengzhisum = 0;
55	for (int i = 0; i < 10; i++)
56	{
57	if (score[i,3] > zhengzhimax)
58	zhengzhimax = score[i,3];
59	else if (score[i,3] < zhengzhimin)
60	zhengzhimin = score[i,3];
61	zhengzhisum = zhengzhisum + score[i,3];
62	}
63	zhengzhiavg = zhengzhisum / 10;
64	lblzhengzhiavg.Text = zhengzhiavg.ToString();
65	lblzhengzhimax.Text = zhengzhimax.ToString();
66	lblzhengzhimin.Text = zhengzhimin.ToString();
67	//求体育的最高分、最低分和平均分
68	double tiyumax = score[0,4];
69	double tiyumin = score[0,4];
70	double tiyuavg, tiyusum = 0;
71	for (int i = 0; i < 10; i++)
72	{
73	if (score[i,4] > tiyumax)
74	tiyumax = score[i,4];
75	else if (score[i,4] < tiyumin)
76	tiyumin = score[i,4];
77	tiyusum = tiyusum + score[i,4];
78	}
79	tiyuavg = tiyusum / 10;
80	lbltiyuavg.Text = tiyuavg.ToString();
81	lbltiyumax.Text = tiyumax.ToString();
82	lbltiyumin.Text = tiyumin.ToString();
83	}⑥⑦⑧

⑥ 计算每门课程的最低分、最高分和平均分的代码有些类似，设想出一种方法来提高代码的重复利用率。（提示：定义 4 个一维数组，分别存放 5 门成绩的最高分、最低分、平均分、总分，然后用双重循环实现分数的统计）。写出改进代码。

_____

_____

_____

⑦ 这个任务是 10 名同学的 5 门成绩，如果是 50 名同学的 6 门成绩，应该修改程序的哪些语句？如何修改？

_____

_____

_____

⑧ 在实现任务 5-2 时，是否出现错误？是如何解决的？

_____

_____

代码分析

第 3~7 行代码判断录入次数（存放在变量 i 中）是否大于 10，如果录入次数大于 10，则给出提示信息。

第 10~14 行代码用于将文本框中的数据存放在二维数组 score 中。

第 15~19 行代码用于清空文本框中的成绩，等待下一次录入。

第 20 行代码用于获得第一个成绩文本框的输入焦点。

第 21 行代码记录已经录入成绩的次数。

按钮"计算"的 Click 事件代码：

第 4~15 行代码用于计算语文的最高分、最低分和平均分。

第 16~18 行代码用于将计算得到的语文的最高分、最低分和平均分分别显示到对应的标签上。

第 20~34 行代码用于计算并显示数学的最高分、最低分和平均分。

第 36~50 行代码用于计算并显示英语的最高分、最低分和平均分。

第 52~66 行代码用于计算并显示政治的最高分、最低分和平均分。

第 68~82 行代码用于计算并显示体育的最高分、最低分和平均分。

本任务分别计算了每门课程的最高分、最低分和平均分，用到了二维数组的定义与元素引用的方法。下面具体讲解二维数组及其相关内容。

相关知识：多维数组、Array 类

除了一维数组之外，C#还支持多维数组。一维数组由排列在一行中的所有元素组成，它只有一个索引。从概念上讲，二维数组就像一个具有行和列的表格一样。见表 5-7，它有 5 行 2 列，5 行代表 5 个学生，2 列代表 2 门学科，第 1 列代表数学考试的成绩，第 2 列代表语文考试成绩。

表 5-7 学生考试成绩表①

数　　学	语　　文
85	91
96	79
89	87
78	96
64	98

边学边做

① 表 5-7 中没有显示学生姓名，如果增加学生姓名列，是否可以声明一个5行3列的二维数组,使三个列分别存储学生姓名、数学成绩、语文成绩？如果可以，请声明并初始化数组,如果不可以,请说明原因。

_____
_____
_____

可以用一个二维数组表示这个表，先声明并创建一个二维数组 Score：

int[,] Score = new int[5,2];

其中 5 表示行数，2 表示列数。二维数组有两个索引（索引号从 0 开始），其中一个

表示行，一个表示列，如要将第 2 行第 1 列的元素赋值 96，表示为：
Score[1,0]=96;   //注意下标
Score[1,0]表示第二个学生的数学成绩，Score[1,1]表示第二个学生的语文成绩。

1. 多维数组的声明与实例化

声明多维数组与声明一维数组格式类似，其语法格式为：

数据类型 [,...] 数组名;

C#中数组的维数是根据逗号的个数再加 1 来确定的，即一个逗号就是二维数组，两个逗号就是三维数组，其余类推。例如：

int[,] arr;   //声明一个二维数组 arr
int[,,] arr1; //声明一个三维数组 arr1 ②

② 如何声明一个 4 维数组 arr?
_____
_____
_____

声明数组后，还必须进行实例化。在多维数组中，比较常用的是二维数组。实例化二维数组的格式为：

数组名称=new 数据类型[数组长度 1，数组长度 2];

例如：

arr=new int[3,2];   //创建一个 3 行 2 列的二维数组

声明数组过程中，声明变量与实例化变量这两个环节可以用一条语句完成。

数据类型[,] 数组名 = new 数据类型[数组长度 1，数组长度 2];

例如：

int[,] arr=new int[4,5];
double[,] table = new double[5,5];

该声明方式等同于下述声明方式的组合：

int[,] arr;
arr = new int[4,5];
double[,] table;
table = new double[5,5];

2. 多维数组的初始化

多维数组的初始化与一维数组的类似，不同之处是多维数组中需要同时给多个下标的元素赋值，多维数组的初始化是通过将对每维数组元素设置的初始值放在各自一个大括号内完成，下面以二维数组为例来讨论，可用下列任意一种形式进行初始化。

（1）声明时创建数组对象，同时进行初始化，语法格式为：

数据类型[,] 数组名称=new 数据类型[表达式 1,表达式 2]{初值表};

数组元素的个数是表达式 1 乘表达式 2 的值，数组的每一行分别用一个花括号括起来，每个花括号内的数据就是这行的每一列元素的值。例如：

int [,] arr=new int[3,4]{{0,1,2,3},{4,5,6,7},{8,9,10,11}}; ③

边学边做

③ int [,] arr=new int[3,3]{{0,1,2},{4,5,6,},{8,9,10}}; 数组 arr 中共有多少个元素？
_____
_____

（2）由系统自动确定行数和列数，语法格式为：

数据类型[,] 数组名称=new 数据类型[,] {初值表};

省略表示二维数组行和列的表达式 1 和表达式 2，由编译

系统根据初始化表中的花括号{}个数确定行数,再根据{}内的数据确定列数,从而得出数组的大小。例如:④
int [,] arr=new int[,]{{0,1,2,3},{4,5,6,7},{8,9,10,11}};

> ④ int [,] arr=new int[,]{{0,1,2,3},{4,5,6,7},};数组 arr 是几行几列的数组?

> **提示**:表达式 1 和表达式 2 可以省略,但逗号不能省略。

(3)声明数组的同时初始化,语法格式为:

数据类型[,] 数组名称= {初值表};

数据声明与初始化同时进行,还可以省略 new 运算符。例如:

int [,] arr= {{0,1,2,3},{4,5,6,7},{8,9,10,11}};

(4)声明与初始化分开进行,语法格式为:

数据类型[,] 数组名称;

数组名称=new 数据类型[表达式 1,表达式 2]{初值表};

把声明与初始化分开在不同的语句中进行时,表达式 1 和表达式 2 同样可以默认。例如:

int[,] arr ;
arr= new int[3,4] {{0,1,2,3},{4,5,6,7},{8,9,10,11}};

例如,给表 5-2 学生考试成绩表对应的二维数组赋初值,以下的数组初始化实例都是等同的。

int[,] Score = new int[5,2]{{85,91},{96,79},{89,87},{78,96},{64,98}};
int[,] Score = new int[,]{{85,91},{96,79},{89,87},{78,96},{64,98}};
int[,] Score = {{85,91},{96,79},{89,87},{78,96},{64,98}};
int[,] Score ;
Score = new int[5,2]{{85,91},{96,79},{89,87},{78,96},{64,98}};

3. 多维数组的引用

访问多维数组元素的形式为:

数组名[下标 1,下标 2,...];

显然,如访问的是二维数组,则为:

数组名[下标 1,下标 2];

访问二维数组需要用两个下标唯一确定数组中某个元素,例如:

```
// 声明一个 4 行 4 列的二维数组
int [,] arr = new int[4,4];
arr[1,2]=15;        // 为第 2 行第 3 列的元素赋值
int x=arr[1,2];     // 用第 2 行第 3 列的元素为其他变量赋值⑤
```

> **边学边做**
> ⑤假设存在一个 3 行 4 列的数组 arr,请问是否存在元素 arr[3][4]?为什么?请用下标的方式列举该数组中所有的元素。

要访问二维数组中的所有元素，可以使用双重循环来实现，通常外循环控制行，内循环控制列。下面程序段定义一个二维数组，通过对二维数组元素的引用，输出数组中元素的值。

```
int[,] score = new int[4, 2];
score = new int[,] { { 90, 75 }, { 87, 96 }, { 78, 89 }, { 96, 85 } };
string output = "";
for (int i = 0; i < 4; i++)
{
    for (int j = 0; j < 2; j++)
    {
        output += score[i,j]+" ";
    }
    output += "\n";
}
MessageBox.Show(output);
```

第 1 行声明一个二维数组，长度为 4×2，第 2 行初始化数组的值，第 4 行 for 语句循环的次数是由数组的行数决定的，第 6 行嵌套的 for 循环语句的次数是由数组的列数决定的，第 8 行语句表示对数组元素的引用，第 12 行语句用 MessageBox 类显示数组元素内容。

上面的程序段可以使用 Foreach 循环，程序改写为：

```
int[,] score = new int[4, 2];
score = new int[,] { { 90, 75 }, { 87, 96 }, { 78, 89 }, { 96, 85 } };
string output = "";
foreach (int i in score)
    {
       output += i + " ";
    }
MessageBox.Show(output);
```

比较可见，运用 foreach 循环使程序更简洁，其中变量 i 表示数组中的元素。

> **提示**：二维数组中可以运用 GetLength()方法得到第 n 维的数组长度（n 从 0 开始），表示二维数组行数即第 0 维的长度使用 GetLength(0)方法，表示数组列数即第 1 维数组的长度使用 GetLength(1)方法，所以第 4 行和第 6 行语句可以修改为 for (int i = 0; i < score.GetLength(0); i++)和 for (int j = 0; j < score.GetLength(1); j++);。

【例 5-4】拼数字游戏。

游戏的界面效果如图 5-9 所示，有一方块是空白的，这里隐含着一个没有显示的 1～9 之间的数字。用鼠标单击空白方块周围的任一数字，可以把鼠标单击的数字移动到这个位置，直到数字排列成图 5-10 所示，便完成游戏，并显示隐藏的数字。

图 5-9　游戏的界面效果图

图 5-10　游戏最终效果图

实现步骤如下：

（1）打开解决方案"Chapter5"，添加新项目，项目名称为"Exa5-4"。

（2）设计界面，参考图 5-9 所示设计界面，各控件及其属性设置见表 5-8。

表 5-8　各控件及其设置

序号	控件类型	主要属性	属性值
1	Form	Text	拼数字游戏
		Name	MainForm
2	Panel	Size	240,240
		BackColor	LightGray
3	Button	Name	btnPlay
		Text	开始游戏
4	Label	Text	1
5	Label	Text	2
6	Label	Text	3
7	Label	Text	4
8	Label	Text	5
9	Label	Text	6
10	Label	Text	7
11	Label	Text	8
12	Label	Text	9

（3）在 Panel 控件上放置表 5-8 中 4～12 行的这 9 个 Label 控件，按 Ctrl 键全部选中它们，并设置它们的属性，见表 5-9。

表 5-9 控件属性列表

属 性 名 称	值
AutoSize	False
BorderStyle	FixedSingle
BackColor	Coral
TextAlign	MiddleCenter
Size	80,80
Font	宋体，24 号字

（4）双击"btnPlay"按钮，打开代码窗口，输入代码如下：

```
Label[,] arrLbl = new Label[3, 3];    //存放 Label 控件的二维数组  ①
int unRow = 0, unCol = 0;             //记录不可见 Label 的下标
bool playing = false; //是否正在游戏中
private void btnPlay_Click(object sender, EventArgs e)
{
    //把 9 个 Label 控件装入二维数组中，以方便控制
    arrLbl[0, 0] = label1;
    arrLbl[0, 1] = label2;
    arrLbl[0, 2] = label3;
    arrLbl[1, 0] = label4;
    arrLbl[1, 1] = label5;
    arrLbl[1, 2] = label6;
    arrLbl[2, 0] = label7;
    arrLbl[2, 1] = label8;
    arrLbl[2, 2] = label9;            ②
    arrLbl[unRow, unCol].Visible = true; //为防止二次单击开始游戏
    int[] arrNum = { 1, 2, 3, 4, 5, 6, 7, 8, 9 };
    //将一维数组 arrNum 中的数字随机排列
    Random rm = new Random(); //初始化随机函数类 ③
    for (int i = 0; i < 8; i++)
    {  ④
        int rmNum = rm.Next(i, 9);//随机数大于等于 i，小于 9
        int temp = arrNum[i]; //交换数组中两个元素的值
        arrNum[i] = arrNum[rmNum];
        arrNum[rmNum] = temp;
    }
    for (int i = 0; i < 9; i++)
```

边学边做

① 数组 arrLb1 的数据类型是什么？该数组中有几个元素？说明为什么使用二维数组。

_____

_____

② 在做这个程序时，你修改 9 个 label 控件的 Name 属性了吗？这段代码使用了默认的名字 label1～label9，如果进行修改，那么此处应该是修改后的 label 名称。

_____

_____

③ 如果随机生成 1～100 之间的整数，如何应用随机函数？本程序中随机函数的作用是什么？

_____

_____

④ 语句 for (int i = 0; i < 8; i++)若修改为 for (int i = 0; i <= 8; i++)，会出现什么样的结果？此处是否可以这样修改？

```
        {   //把一维数组的数字依次在二维数组中的标签控件显示
            arrLbl[i / 3, i % 3].Text = arrNum[i].ToString();
        }
        int cover = rm.Next(0, 9);//生成一个随机数用于掩盖某个数字
        unRow = cover / 3;//转化为不可见标签的在二维数组中的行下标
        unCol = cover % 3;//转化为列下标
        arrLbl[unRow, unCol].Visible = false;//让这个标签不可见   ⑤
        playing = true;//设置游戏进行中标记
}
```

⑤ 控件的哪个属性能使其可见或者不可见？如果要设置为可见，语句怎么写？

同时选中9个label控件，双击，进入代码编辑窗口，输入代码如下：⑥

⑥ 同时选中9个控件并双击，进入Click事件，其内的事件代码是这9个控件共同触发的吗？

```
private void label1_Click(object sender, EventArgs e)
{
    if (!playing)  //如果游戏不在进行中
    {
        return;  //退出事件方法的执行
    }
    int row = ((Label)sender).Top / 80;//计算点中标签的行下标    ⑦
    int col = ((Label)sender).Left / 80;//计算点中标签的列下标
    if (Math.Abs(row - unRow) + Math.Abs(col - unCol) == 1)
    {   //判断方块是否可以移动，如果可以，则交换标签显示的数字
        string temp = arrLbl[unRow, unCol].Text;
        arrLbl[unRow, unCol].Text = arrLbl[row, col].Text;
        arrLbl[row, col].Text = temp;
        arrLbl[unRow, unCol].Visible = true;
        arrLbl[row, col].Visible = false;
        unRow = row;//设置新的不可见标签下标值
        unCol = col;
    }
    for (int i = 0; i < 9; i++)
    {   //判断是否已成功排列数字
        if (arrLbl[i / 3, i % 3].Text!=Convert.ToString(i+1))
        {
            break;
        }
        if (i == 8)
        {
            arrLbl[unRow, unCol].Visible = true;      //显示被掩盖数字
```

⑦ 单击9个label控件中的任一个，都能触发这段代码，那么如何判别具体单击了哪个label数字呢？这里使用的是sender参数，查阅资料，说明sender参数是如何起到这种作用的。

```
            playing = false; //设置游戏结束标志
            MessageBox.Show("恭喜你通过了游戏！", "消息对话框", MessageBoxButtons.OK, MessageBoxIcon.Information);
        }
    }
}
```

本例把 9 个 Label 控件放在一个 3×3 的二维数组之内，正好可以表示为一个 3×3 矩阵，这样可以很方便地判断是否单击了与空白方块相同的数字。第 6~14 行代码将 9 个 Label 控件装入二维数组。第 15 行代码是为了防止单击两次 "开始游戏" 按钮而导致出现两块空白区域。第 16~24 行代码演示了如何快速生成一组指定范围的没有重复的随机数，它的原理是首先生成 0~8 之间的随机数，然后找到下标为这个随机数的元素，让它与第 1 个元素进行交换。然后生成 1~8 之间的随机数，它相应的元素与第 2 个元素进行交换。如此反复，一直到生成 7~8 之间的随机数，相应的元素与第 8 个元素进行交互，包括自己与自己交换。第 25~28 行代码演示了如何使用单层 for 循环按顺序显示二维数组。第 43~52 行代码判断被单击的方块是不是空白方块的相邻方块，如果是，则移动它至空白方块处，并使原来的位置变为空白。第 53~56 行代码判断方块是否已经按顺序排列好，如果排列好了，就显示被掩盖的方块并提示游戏结束。

4. System.Array 类

在 C# 中，数组实际上是对象。System.Array 是所有数组类型的抽象基类型，所有的数组类型均由它产生，提供创建、操作、搜索和排序数组的方法，因而在公共语言运行库中用作所有数组的基类。因此，所有数组都可以使用它的属性和方法。利用这些属性和方法将大大减少编程量，提高程序的执行效率。表 5-10 列出了比较常用的 Array 类的属性和方法。

表 5-10 Array 类的属性和方法

方法和属性	说明
IsFixedSize	获取一个值，该值指示数组是否具有固定大小
Length	数组的所有维数中元素的总数
Rank	获取数组的秩维数
Clear	将数组中的一系列元素设置为 true、false 或空引用
Clone	创建数组的副本
CovertAll	将一种类型的数组转换为另一种类型的数组
CopyTo	将当前一维数组的所有元素复制到指定的一维数组中
GetLength	数组的指定维中的元素数
GetLowerBound	获取数组中指定维数的下限

续表

方法和属性	说明
GetUpperBound	获取数组中指定维数的上限
IndexOf	返回一维数组或部分数组中某个值的第一个匹配项的索引
LastIndexOf	返回一维数组或部分数组中某个值的最后一个匹配项的索引
Resize	将数组的大小更改为指定的大小
Reverse	反转一维数组或部分数组中元素的顺序
SetValue	将当前数组中的指定元素设置为指定值
Sort	将一维数组对象中的元素进行排序

下面具体介绍几个常用属性和方法，并举例说明。

（1）IsFixedSize 属性：布尔类型，指示数组是否具有固定大小，如果有固定大小，则该属性值为 true。例如：

int[] myArray = new int[5]{1,2,3,4,5};   // myArray.IsFixedSize 的值为 True

（2）Length 属性：表示数组所有维数中元素的总数。例如：

int [] number={1,2,3,4};   //number.Length 的值为 4

（3）Rank 属性：表示数组中的维数。例如：

string[,] names = new string[5,4];   //names.Rank 的值为 2

（4）Sort 方法：对一维数组排序，它是 Array 类的静态方法。使用该方法时，需要首先声明数组。例如：

string [] name=new string[]{"wang","qiao","zhang","sun"};
Array.Sort(name);
foreach(string s in name)
{
　MessageBox.Show(s);   //对数组按字母顺序排序后输出
}

（5）Reverse 方法：反转一维数组，也就是将一维数组的各元素交换位置，第一个元素成为最后一个元素。例如：

Array.Reverse(name);

（6）GetLowerBound 与 GetUpperBound 方法：数组指定维度的下限与上限。例如：

int[, ,] number = new int[4, 3, 2] { { { 1, 2 }, { 2, 3 }, { 3, 4 } }, { { 4, 5 }, { 5, 6 }, { 6, 7 } }, { { 7, 8 }, { 8, 9 }, { 9, 10 } }, { { 10, 11 }, { 11, 12 }, { 12, 13 } } };

```
for (int i = number.GetLowerBound(0); i <= 
number.GetUpperBound(0); i++)
    {
        for (int j = number.GetLowerBound(1); j <= 
number.GetUpperBound(1); j++)
        {
            for (int k = number.GetLowerBound(2); k <= 
number.GetUpperBound(2); k++)
            {
                label1.Text +=i.ToString()+ j.ToString()+ k.ToString()+ 
number[i, j, k].ToString();
            }
        }
    }
} ⑧
```

边学边做

⑧数组 number 的 GetUpperBound(1)与 GetLength(1)的值分别是多少？

_____

_____

（7）Clear 方法：重新初始化数组中所有的元素，将数组中的一系列元素设置为 true、false 或空引用。

关键术语

二维数组：two dimensional array

Array 类：Array class

实训项目

1. 把任务 5-1 中"单个学生的成绩分析"改成 30 个学生的，用二维数组，求平均分和最高分、最低分等。

2. 有时注册时网站会自动分配初始密码，现编写随机密码生成程序，在 26 个字母（含大小写）和 10 个数字（字符形式）组成的数组中随机生成 10 个 8 位密码。

3. 有两个数组，一个数组中存储 10 名同学的英语成绩，另一个数组中存储同学姓名，姓名与成绩一一对应。编写程序，找出英语成绩最高的同学的姓名。

4. 设一门课程有 15 个学生注册，并且一学期进行了 5 次考试。编写一程序，接受输入的每一个学生的名字和分数，将名字存入一维数组中，分数存入二维数组中，程序显示每一个学生的名字和学期平均分。

5. 任务 5-1 和任务 5-2 中，都是通过鼠标单击"下一个"按钮实现输入下一个成绩的。这种操作有些烦琐，不符合用户的操作习惯，用户更多的是习惯用按 Enter 键来表示输入完毕。请查阅资料，把任务 5-1 和任务 5-2 改写成用按 Enter 键确认，也就是在输入完一个成绩后，紧接着按 Enter 键，然后接收下一个。

6. 表 5-11 中包含 5 个部门的每一季度的销售数字。

表 5-11 季度销售情况汇总

部　　门	季 度 1	季 度 2	季 度 3	季 度 4	总　　和
部门 1	700	650	900	800	
部门 2	500	790	890	800	
部门 3	650	800	460	700	
部门 4	660	800	680.	600	
部门 5	780	400	980	700	
总和					

（1）声明一个名为 sales 的二维整型数组，使用上面的数据填充前 4 列。

（2）编写一个循环来计算和填充总和列，在该循环内显示它计算出的每个部门的总和。

（3）编写一个循环来计算和填充总和行，在该循环内显示它计算出的每一季度的总和。

（4）计算每个部门每一季度的销售额占总销售额的百分比和全年销售额占总销售额的百分比。

（5）计算每一季度的销售额占总销售额的百分比。

第 6 章　方　　法

能力目标
- ✓ 能够实现根据功能定义相应的方法
- ✓ 能够实现根据题目要求进行方法的调用
- ✓ 能够实现根据要求进行参数的传递
- ✓ 能够实现根据具体要求进行函数内变量的定义

知识目标
- ✓ 掌握方法的定义形式
- ✓ 掌握方法在程序中的调用
- ✓ 理解方法中各种变量的定义
- ✓ 掌握方法在定义和调用中参数的传递过程

素质目标
- ✓ 能够正确地定义并调用方法
- ✓ 能够根据实际需求确定方法的功能和规模
- ✓ 能够从不同角度解决问题

任务 6-1　整数四则运算计算器

任务分析

在第 2 章中设计了任务 2-1，实现的是简单的整数计算器，主要学习各种数据类型、常量与变量、数据类型转换、运算符与表达式的具体运用。在编写的代码中可以发现，对应于+、-、*、/四个按钮的 Click 事件，代码基本相同，程序中某些功能反复多次使用的情况，加大了资源的负担，同时也加重了编程人员的负担。本任务从另一个角度来实现计算器功能，用模块化的编程思想来分析和实现该题目要求。计算器整体上由 4 个状态组成：接收第一个操作数、接收第二个操作数、输出计算机结果和错误信息。而接收第一个或第二个操作数的状态中，又包含了接收数字的状态和接收+、-、*、/、=五种运算符状态两种情况。设计界面如图 6-1 所示。

首先输入第一个操作数，如果此时继续输入数字，则系统保持当前状态，直到输入运算符，接收第一个操作数的状态结束，进入下一个状态——接收第二个操作数，这一

图 6-1 任务 6-1 界面效果图

状态也一直保持到输入一个运算符时结束,当单击"="按钮时,计算出结果并显示。接下来,如果用户输入+、-、*、/中的一个运算符,则把前一次计算的结果作为第一个操作数,开始下一轮计算;如果用户输入数字,则将前一次运算的结果丢弃,开始新一轮的计算。如果输入或运算中出现溢出或其他错误,则系统进入 ERROR 状态。程序编写的基本思路是:首先编写一个方法 Init(),对计算器的状态进行初始化,另外编写两个方法 Numbers_Click()和 Operators_Click(),前者用来处理接收到数字时计算器所做的工作,后者用来处理接收到运算符时需要处理的程序,具体接收到哪一个数字或运算符,可以考虑采用按钮的单击事件,通过参数传递给上述两个方法。

此外,当输入第一个操作数时,必须判断输入的是第一个数字还是第一个以后的数字,所以程序中需要定义一个 bool 类型的变量 bNumBegins,其初值为 true,当输入第一个数字之后,就将它置为 false,直到此数输入完成后再置为 true,准备进行下一轮的计算。

任务实现

(1)新建"Windows 应用程序",项目名称为"Task6-1",解决方案为"Chapter6"。

(2)设计界面,拖动 15 个 Button 控件到窗体上,属性设置见表 6-1,其中 Button 的属性可以参考表 6-1 和图 6-1 所示设置。

表 6-1 四则计算器控件属性值

序号	控件类型	主要属性	属性值
1	Form	Text	整数四则运算计算器
		FormBorderStyle	FixedSingle
		MaximizeBox	false
2	Button	Text	空
		Name	button1~button15(可修改名称)
		Text	为按钮上所显示的内容
3	TextBox	Name	txtOutput
		TextAlign	Right
		ReadOnly	True
		RightToLeft	No

（3）编写程序代码如下：

```
1   public partial class Form1 : Form
2   {
3       protected long iNuml;        //存储前一个操作数
4       protected char cOperator;    //存储运算符
5       protected bool bNumBegins;   //是否开始输入新数字①
9       private void Init()   ②
10      {
11          iNuml = 0;
12          cOperator = '=';
13          bNumBegins = true;
14      }
15      private void Numbers_Click(long i)   ③
16      {
17          txtOutput.Text = "0";
18          if (txtOutput.Text == "Error")
19          {
20              txtOutput.Text = "0";
21          }
22          long iCurrent = long.Parse(txtOutput.Text);
23          if (bNumBegins)
24          {
25              iCurrent = i;
26              bNumBegins = false;
27          }
28          else
29          {
30              //要求检查运算溢出的情况
31              checked { iCurrent = (iCurrent * 10) + i; }
32          }
33          txtOutput.Text = iCurrent.ToString();
34      }
35      }
36      private void Operators_Click(char op)   ④
37      {
38          long iCurrent;
39          try
40          {
41              iCurrent = long.Parse(txtOutput.Text);
```

边做边想

① 第5行代码定义布尔型变量 bNumBegins，主要实现的功能是什么？可以改写为其他类型的变量吗？

_____

_____

② 分析代码 Init()方法的主要功能。

_____

_____

③ 第15~35行代码定义方法 Numbers_Click，分析该方法的功能，其中第22行代码的主要功能是什么？

_____

_____

④ 第36~84行代码定义方法 Operators_Click，按照方法名能否总结出该方法的具体功能？第39行表示异常处理，catch 语句表示如果出现异常进行的处理，此处是如何处理异常的？复习 switch 结构，此处的 switch 结构如何用 if … else 改写？第81行代码的具体含义是什么？如果该行代码去掉，程序会出现怎样的错误？

_____

_____

行	代码	
42	}	⑤ 总结程序代码中所有定义的变量名称，有什么特点？
43	//计算结果	
44	catch	_____
45	{	_____
46	txtOutput.Text = "Error";	_____
47	Init();	_____
48	return;	⑥ 将程序中省略的部分代码按照提示补充完整。
49	}	_____
50	long iResult=0;	_____
51	try	_____
52	{	_____
53	switch (cOperator)	
54	{	
55	case '+':	
56	checked { iResult = iNuml + iCurrent; }	
57	break;	
58	case '-':	
59	checked { iResult = iNuml - iCurrent; }	
60	break;	
61	case '*':	
62	checked { iResult = iNuml * iCurrent; }	
63	break;	
64	case '/':	
65	checked { iResult = iNuml / iCurrent; }	
66	break;	
67	default: ⑤⑥	
68	iResult =iCurrent;	
69	break;	
70	}	
71	}	
72	catch	
73	{	
74	txtOutput.Text = "Error";	
75	Init();	
76	return;	
77	}	
78	txtOutput.Text = iResult.ToString();	
79	iNuml = iResult;	
80	//准备接收下一个操作数	

```
81              bNumBegins = true;
82              //保存符号
83              cOperator = op;
84          }
85      private void button1_Click(object sender, EventArgs e)
86      {
87          Numbers_Click(1);
88      }
89      //其他数字按钮事件调用函数代码基本一致，只需要将参数改写为相应的数字
90      private void btnAdd_Click(object sender, EventArgs e)
91      {
92          Operators_Click('+');
93      }
94      //其他运算符号按钮事件调用函数代码基本一致，只需将参数改为相应的运算符
95      }
```

代码分析

第 9～14 行，定义函数 Init()，初始化相关变量。

第 15～35 行，定义函数 Numbers_Click，该函数被数字按钮 0～9 调用，主要功能是将单击的数字按钮上的数字显示在 textbox 文本框中。其中 try-catch 语句实现异常处理的功能，将有可能出现异常的语句放在 try 语句块中，catch 语句块用来捕获出现的异常。如果 try 语句块中未出现异常，则 catch 语句块不执行。如果在 try 语句块某条语句出现异常，则停止继续执行下面的语句，程序直接执行 catch 语句块中的内容。

第 36～84 行，定义函数 Operators_Click，该函数被"+""-""*""/""="五个按钮调用，执行运算的功能。通过 switch … case 语句执行相应的运算。

相关知识：方法的定义与调用

1. 方法的概念

一个较大的程序一般应分为若干个子程序模块，每个模块实现一个特定的功能。C#语言就是通过方法来实现模块化程序设计的。

方法是把一些相关的语句组织在一起，用于解决某一特定问题的语句块。方法遵循先声明后使用的规则。

使用方法的一个主要原因是解决代码的重复，可以把经常用到的完成某一特定功能的代码段编写成方法，只要程序中需要实现这一功能，调用这个方法就可以了，不需要重复地编写此段代码；如果需要修改这个功能代码，只需要修改定义的方法就可以，调用的程序不需要修改。

方法的功能是通过方法调用实现的。方法调用指定了被调用方法的名字和调用方法所需的信息（参数），调用方法需要被调用方法按照方法参数完成某个任务，并在完成这

项任务后由方法返回。

程序员编写完成指定任务的方法是用户自定义的方法，除了自定义的方法外，.NET Framework 还提供了可在任何 C#程序中使用的公共方法，称为标准库方法，这些方法可以进行常用数学计算、字符串操作、字符操作、输入/输出操作、错误检查和其他许多有用的操作。这个已经存在的代码集提供了程序员需要的许多功能，从而使程序员的工作变得更加容易。标准库方法是.NET 框架的一部分，其中包括前几个单元的例子中使用 MessageBox 类的 Show 方法。

> 提示：要尽可能地使用.NET 框架的标准库方法，而不是编写新的方法，这样可以减少程序开发的时间和错误。

2. 方法的定义

方法的结构格式如下：

方法头部的修饰符用于修饰类型和类型成员的声明，修饰符可以是 new、public、protected、internal、private、static、virtual、sealed、override、abstract、extern。对于方法而言，通常使用 static 进行修饰。如果方法没有返回值，则返回值类型使用 void 类型；如果有返回值，则方法体中一定要有 return 语句来返回数据。方法名为有效的标识符。①

边学边做

① 前面单元中介绍的有效标识符是如何定义的？此处如果定义一个求两个数的和的方法，方法名如何定义？
_____
_____
_____

> 提示：为使代码变得更容易理解和记忆，方法的取名可以与所要进行的操作联系起来。

【例 6-1】单击窗体上的按钮，通过对话框的形式显示字符串的内容。窗体设计如图 6-2 所示，运行效果如图 6-3 所示。

图 6-2　例 6-1 界面效果

图 6-3　例 6-1 运行效果

程序代码如下：

第6章 方 法

```
static void Print()
{
    MessageBox.Show("定义方法并调用方法");
}
private void btnOK_Click(object sender, EventArgs e)
{
    Print();
}
```

该程序中定义了方法 Print()，其功能是把字符串"定义方法并调用方法"以对话框的形式显示，但此时这些并不重要，更关心定义和使用方法的机制。方法定义由以下几部分组成：

- 两个关键字：static 和 void。
- 方法名后跟圆括号，如 Print()。
- 一个要执行的代码块，放在花括号中。②

3．方法的调用

定义方法后，必须调用才能执行在方法中定义的语句，使用方法名来调用一个方法，要求执行它的任务。如果方法定义中带有参数，调用时就必须提供它需要的参数。如果方法需要返回值（由它的返回类型指定），就应该以某种方式来获取需要返回的值。为了调用一个 C#方法，需要采用如下语法形式：

方法名(实参列表)

边学边做

② 在界面中再添加一个按钮，单击该按钮也能实现通过对话框的形式显示字符串的内容"再次调用方法"。学习参数之后，要求此处只能定义一个方法，该方法该如何定义？

_____
_____
_____

> **提示**：调用方法时，方法名必须与定义的方法名称完全一致，并且应注意字母的大小写。

参数列表用于提供将由方法接收的可选信息。必须为每个参数（形参）提供一个参数值（实参），并且每个参数值都必须兼容与它对应的形参的类型。如果方法有两个或者更多的参数，那么在提供参数值时，必须使用逗号来分隔不同的参数，同时，形参与实参的个数应相等，类型应匹配。每个方法调用时，都必须包含一对圆括号，即使调用一个无参数的方法。

下面的代码定义了一个 max 方法：

```
int max(int x, int y)    ③
{
    if(x>y) return x;
    else return y;
}
```

③ 改写该方法，分别为求两个实数类型的数的最大值、求三个整数的最大值、求三个数的最小值。

_____
_____
_____

max 方法有两个 int 参数，所以，在调用该方法时，必须提供两个以逗号分隔的 int 实参。如：

max(9, 3); // 正确方式

还可以将直接量 9 和 3 替换成 int 变量的名称，这些变量的值会作为参数值传递给方法。例如：

int arg1 = 99;

int arg2 = 1;

max(arg1, arg2);

以下语句都是不正确的 max 调用方式：

max; // 编译时错误，无圆括号

max(); // 编译时错误，无足够实参

max(3); // 编译时错误，无足够实参

max("39", "3"); // 编译时错误，类型错误

max 方法将返回一个 int 值，这个 int 值可以在任何一个能够使用 int 值的任何地方使用。例如：

max = max(9, 3); // 作为赋值操作符的右操作数，此处左面的 max 表示定义变量 max

showMax(max(39, 3)); // 作为另一个方法调用的实参

4．方法的返回值

如果返回类型（方法名称前列出的类型）不是 void，则方法可以使用 return 关键字来返回值，具有非 void 返回类型的方法才能使用 return 关键字返回值。使用关键字 return 的返回语句的使用格式如下：

return 表达式;//表达式可以是有具体值的常量、变量或者表达式

例如，定义方法 getString()，用于返回字符串类型的参数。

```
static string getString(string str)
{
    return str
}
```

其返回值是一个字符串，可以在代码中使用该方法，如下所示：

string myString;

myString = getString("hello");

另外，还有一个方法 getVal()，代码如下：

```
static double getVal()
{
return 4.5;
}
```

它返回一个 double 值，可以在数学表达式中使用它。

```
double result;
double x=2.5;
result= getVal() * x;
```

如果方法使用了 return 语句返回数据，则返回值的数据类型应与方法定义的数据类型一致，实际上，方法的数据类型也就是方法返回值的数据类型。例如：

```
static int max(int x,int y)
{
    if(x>y) return x;
    else return y;
}
```

不论返回值是 x 或者 y，数据类型都与 max 方法的数据类型一致，都是 int 型。

关键术语

方法：Method

方法的定义：Method definition

方法的调用：Method calls

实训项目

1. BMI 指数是评估身高、体重比例的参考指数，主要反映超重和肥胖情况。BMI 计算公式为：体重（kg）除以身高（m）的平方。BMI 参考意义如下：19 以下，体重偏低；19～25，健康体重；25～30，超重；30～39，严重超重；40 及 40 以上，极度超重。

定义一个方法用于计算 BMI，然后在程序中调用该方法，得出体重情况。

2. 编写方法 celsius 返回与华氏温度等价的摄氏温度值，使用公式 C= 5.0/9.0*(F−32)；定义方法 fahrenheit 返回与摄氏温度等价的华氏温度值，使用公式 F=9.0/5.0*C+32。编写程序，使用户输入华氏温度并显示出对应的摄氏温度，或输入摄氏温度并显示出对应的华氏温度。

任务 6-2 交换两个数

任务分析

交换两个数，设计界面如图 6-4 所示，分别在两个文本框中输入两个数，当单击"交换"按钮时，希望能将两个文本框中的数交换。

首先，在对应的两个文本框中输入两个整数，单击"交换"按钮后，文本框中的两个数字会相互交换。单击"退出"按钮后，结束程序。

图 6-4 任务 6-2 设计界面效果

编写程序的基本思路是：首先，编写一个方法 Swap()，实现对两个参数的交换；然后，在按钮 btnSwap 的 Click 方法中，读取两个文本框的值，并将这两个值作为实际参数传递给 Swap 方法。方法调用结束后，将原有的两个文本框中的变量值再一次显示在对应的文本框中，此时两个数并没有实现交换，从而引出函数的实参与形参的传递方式不同、具体的含义也不同的概念。

任务实现

（1）新建"Windows 应用程序"，项目名称为"Task6-2"，解决方案为"Chapter6"。

（2）设计界面，拖动 2 个 Button 控件到窗体上，属性设置见表 6-2，其中 Button 的属性可以参考表 6-1 和图 6-1 进行设置。

表 6-2 交换两个数的控件属性值

序号	控件类型	主要属性	属性值
1	Form	Text	交换两个数
		FromBorderStyle	FixedSingle
		MaximizeBox	false
2	Button	Name	btnSwap,btnExit
		Text	为按钮上所显示的内容
3	TextBox	Name	txtNum1, txtNum2
		TextAlign	Right
		ReadOnly	True
		RigntToLeft	No

（3）编写程序代码如下：

```
1 public partial class Form1 : Form
2  {
3      public Form1()
4      {
5          InitializeComponent();
6      }
7      private void Swap(int x1,int x2) ①
8 {
9 int t;
10         t = x1;
11         x1 = x2;
```

边学边做

① 此处需要将文本框中输入的数转换成整数类型，如果需要转换成浮点类型，此行代码该如何改写？

_____

_____

_____

12 x2 = t; 13 } 14 private void btnSwap_Click(object sender, EventArgs e) 15{ 16int a1, a2; 17a1 = Convert.ToInt32(this.textBox1.Text);② 18a2 = Convert.ToInt32(this.textBox2.Text); 19Swap(a1, a2);③ 20this.textBox1.Text = a1.ToString(); 21this.textBox2.Text = a2.ToString(); 22 } 23 }	② 这里实参变量分别命名为 a1 和 a2，将这两个变量定义成与形参变量同名的 x1 和 x2 是否可以？按要求改写代码，运行程序是否有误？ _____ _____ _____ ③ 将此处的 x1 和 x2 改为 a1 和 a2,程序结果有何变化？ _____ _____ _____

代码分析

第 7～13 行代码定义方法 Swap，带有两个整型参数，定义中间变量 t、参数 x1 和参数 x2 利用中间变量进行交换。

第 14～23 行定义事件方法 btnSwap_Click，表示单击"交换"按钮时执行的动作，先获取文本框中输入的两个值，并将它们都转换成整数类型，然后调用方法 Swap，最后将交换后的 x1 和 x2 的值重新赋给两个文本框。

程序运行时，在两个文本框中分别输入 3 和 4，单击"交换"按钮，发现 Swap 方法并没将两个数进行交换，原因是参数的传递方式是按值传递的，值传递可以理解为"单向传递"，只由实参传给形参，而不能由形参传回来给实参。在内存中，实参单元与形参单元是不同的单元，在调用方法函数时，给形参分配存储单元，并将实参对应的值传递给形参，调用结束后，形参单元被释放，实参单元仍保留并维持原值。因此，在执行一个被调用方法时，形参的值如果发生改变，并不会改变主调方法的实参的值。

相关知识：方法的参数传递

1. 方法的参数

在方法的声明与调用中，经常涉及方法参数。在方法声明中使用的参数叫形式参数（形参），在调用方法中使用的参数叫实际参数（实参）。在调用方法时，参数传递就是将实参传递给形参的过程。

参数用于向方法传递值或变量引用。方法的参数从方法被调用时指定的实参获取它们的实际值。有四种类型的参数：值参数、引用参数 ref、输出参数 out 和参数数组。本书中只介绍前两种参数类型。参数的功能就是能使信息在方法中传入或传出，当声明一个方法时，包含的参数说明是形式参数（形参）。当调用一个方法时，给出的对应实际参量是实在参数（实参），传入或传出就是在实参与形参之间发生的。

2. C#中的值参数和引用参数①

1）值参数，按值传递

参数按值的方式传递是指当把实参传递给形参时，是把实参的值复制（拷贝）给形参，实参和形参使用的是两个不同内存中的值，所以，这种参数传递方式的特点是形参的值发生改变时，不会影响实参的值，从而保证了实参数据的安全。

在方法声明时，不加修饰的形参就是值参数，它表明实参与形参之间按值传递。当这个方法被调用时，编译器为值参数分配存储单元，然后将对应的实参的值拷贝到形参中。实参可以是变量、常量、表达式，但要求其值的类型必须与形参声明的类型相同或者能够被隐式地转化为这种类型。这种传递方式的好处是在方法中对形参的修改不影响外部的实参，也就是说，数据只能传入方法而不能从方法传出，所以值参数有时也被称为入参数。②

边学边做

① 本书介绍了哪几种参数传递的方式？它们有什么不同？
_____
_____
_____

② 根据文字说明，用图形的形式画出实参和形参在内存中的单元分配形式和参数传递的过程。
_____
_____
_____
_____

【例 6-2】将三个数进行由小到大排序，界面设计如图 6-5 所示，输入三个数，单击按钮，然后将这三个数由小到大分别显示在对应的三个文本框中。

图 6-5 由小到大排序

代码如下：

```
1 public void Sort(int x, int y, int z)
2     {
3         int tmp;        // tmp是方法Sort的局部变量
4         // 将x, y, z按从小到大排序①
5         if (x > y) { tmp = x; x = y; y = tmp; }
6 if (x > z) { tmp = x; x = z; z = tmp; }
7 if (y > z)   { tmp = y; y = z; z = tmp; }
8     }
9         private void btnSort_Click(object sender, EventArgs e)
10        {
```

边学边做

① 若将 x, y, z 按从小到大排序改写为由大到小排序，这段代码该如何更改？
_____
_____
_____

```
11              int a, b, c;
12              a = Convert.ToInt32(txt1.Text);
13              b = Convert.ToInt32(txt2.Text);
14              c = Convert.ToInt32(txt3.Text);
15              Sort(a, b, c);
16              txt1.Text = a.ToString();②
17              txt2.Text = b.ToString();
18              txt3.Text = c.ToString();
19         }
```

② 这里程序运行的结果并没有将三个数由小到大交换，此处的代码如果将 a,b,c 改为 x,x2,x3，是否可以？为什么？

_____

_____

_____

在上面的代码中，第 1~8 行定义方法 Sort，返回值类型为 void，即方法无返回值，方法定义三个整数类型的形参，形参变量名分别为 x、y、z。第 3 行定义方法 Sort 的局部变量 tmp。第 5 行通过 if 选择结构，判断 x、y 的值，如果 x 比 y 大，将 x、y 交换，即 x 中存放的是 x、y 的最小值。第 6 行与第 5 行类似，执行后，x 是 x、y、z 三者中的最小值。第 7 行判断 y 与 z 的值，如果 y 比 z 大，将 y、z 互换，此时 y 存放的是 y 与 z 中的最小值。

通过 Sort 方法，将 x、y、z 按照从小到大的顺序排序，但是由于值类型的参数传递，形参的变化不影响实参，所以 a、b、c 仍然是原大小。

2）引用参数，按引用传递

按引用传递是指实参传递给形参时，不是将实参的值复制给形参，而是将实参的引用传递给形参，实参与形参使用的是一个内存中的值。这种参数传递方式的特点是当形参的值发生改变时，实参的值也同时改变。基本类型参数按引用传递时，实参与形参前均需使用关键字 ref。

【例 6-3】将任务 6-2 程序中 Swap 方法的值参数传递方式改成引用参数传递，代码如下所示。

```
private void Swap(ref int x1,ref int x2)①
{
            int t;
            t = x1;
            x1 = x2;
            x2 = t;
}
private void btnSwap_Click(object sender, EventArgs e)
        {
            int x1, x2;
            x1 = Convert.ToInt32(this.textBox1.Text);
            x2 = Convert.ToInt32(this.textBox2.Text);
            Swap(ref x1, ref x2);
            this.textBox1.Text = x1.ToString();
            this.textBox2.Text = x2.ToString();
        }
```

边学边做

① 定义方法的形参和调用方法的实参都必须包含关键字 ref，将形参中的 ref 去掉，运行程序，程序有什么样的错误提示？如果将实参中的 ref 去掉，错误提示是什么？

_____

_____

_____

如图 6-6 所示，程序运行后输入两个数，单击"交换"按钮后，运行效果如图 6-7 所示。

图 6-6　例 6-4 输入两个数

图 6-7　例 6-4 单击"交换"按钮后显示的结果

【**例 6-4**】将例 6-3 程序中 Sort 方法的值参数传递方式改成引用参数传递，代码如下所示。②

```
1  public void Sort(ref int x, ref int y, ref int z)③
2  {
3      int tmp;        // tmp是方法Sort的局部变量
4      // 将x, y, z按从小到大排序
5      if (x > y) { tmp = x; x = y; y = tmp; }
6      if (x > z) { tmp = x; x = z; z = tmp; }
7      if (y > z) { tmp = y; y = z; z = tmp; }
8  }
9  private void btnSort_Click(object sender, EventArgs e)
10 {
11     int a, b, c;
12     a = Convert.ToInt32(txt1.Text);
13     b = Convert.ToInt32(txt2.Text);
14     c = Convert.ToInt32(txt3.Text);
15     Sort(ref a,ref b,ref c);
16     txt1.Text = a.ToString();
17     txt2.Text = b.ToString();
```

边学边做

② 在解决方案资源管理器中添加一个新项目，在例 6-4 中添加一个 label 控件，将交换后的三个数显示在 Label 标签上。

③ 改写该段代码，实现按地址传递，将三个数由大到小排序。

| 18 | txt3.Text = c.ToString();
| 19 | }

运行程序，输入两个数，如图 6-8 所示，单击"交换"按钮后，程序如图 6-9 所示。

图 6-8　例 6-4 运行后输入三个数

图 6-9　例 6-4 单击按钮排序

使用 ref 参数时，应注意以下几点：④

● ref 关键字仅对跟在它后面的参数有效，而不能应用于整个参数表。例如，Sort 方法中 x、y、z 都要加 ref 修饰。

● 在调用方法时，也用 ref 修饰实参变量。因为是引用参数，所以要求实参与形参的数据类型必须完全匹配，并且实参必须是变量，不能是常量或表达式。

● 在方法外，ref 参数必须在调用之前明确赋值；在方法内，ref 参数被视为初始值已赋过。

边学边做

④ 使数组作为参数的形参，应该如何定义？调用对应的实参，应该怎么书写？

_____

_____

_____

3. 变量的作用域

变量的作用域是可以访问该变量的代码区域。一般情况下，确定作用域有两个规则：一是局部变量存在于表示声明该变量的块语句或方法结束的封闭花括号之前的作用域内；二是在 for、while 或类似语句中声明的局部变量存在于该循环体内。

1）局部变量的作用域冲突

作用域覆盖一个方法的变量称为局部变量。大型程序在不同部分为不同的变量使用相同的变量名是很常见的，只要变量的作用域是程序的不同部分，就不会有问题。但要注意，同名的局部变量不能在同一作用域内声明两次，所以不能使用下面的代码：

int x = 20;

int x = 30;

分析下面的代码示例：

```
static void Write()
{
    MessageBox.Show("myString = {0}", myString);
}
static void Print()
{
    stringmyString = "String defined in Main()";
    Write();
}
```

编译程序，会出现错误。错误列表提示信息如图 6-10 所示。

		说明	文件	行	列
❶	1	当前上下文中不存在名称 "myString"	Form1.cs	41	47
⚠	2	变量 "myString" 已赋值，但其值从未使用过	Form1.cs	45	20

图 6-10　错误列表

什么地方出错了？在方法 Print 中定义的变量 myString 不能在 Write()方法中访问。原因是变量有一个作用域，在这个作用域中，变量才是有效的。这个作用域包括定义变量的代码块和直接嵌套在其中的代码块。方法中的代码块与调用它们的代码块是不同的。在 Write()中，没有定义 myString，在 Print()中定义的 myString 则超出了作用域，它只能在 Print()中使用。实际上，在 Write()中可以有一个完全独立的变量 myString，修改代码如下：

```
static void Write()
{
    string myString = "变量myString定义在Write()方法中";
    MessageBox.Show("myString = "+ myString);
}
static void Print()
{
    string myString = "变量myString定义在Print()方法中";
    Write();
    MessageBox.Show("myString = "+ myString);
}⑤
```

运行该代码，编译成功。

边学边做

⑤ 将程序改写成如下所示，分析程序运行结果。

```
string myString = "a";
static void Write()
{MessageBox.Show("myString = "+ myString);}
static void Print()
{Write();
MessageBox.Show("myString = "+ myString);
}
```

_____

_____

_____

2）其他结构中的变量作用域

前面说过，变量的作用域包含定义它们的代码块和直接嵌套在其中的代码块。这也可以应用到其他代码块上，例如分支和循环结构的代码块。分析下面的代码块：

```
int i;
string text = "";
for (i = 0; i < 10; i++)
{
text = "Line " + Convert.ToString(i);
}
MessageBox.Show("Last text output in loop: {0}", text);
```

在循环中，最后赋给 text 的值可以在循环外部访问。循环之前赋给 text 空字符串，而在循环之后的代码中，该 text 就不会是空字符串了，其原因不能立即看出。需要注意的是，一般情况下，最好在声明和初始化所有的变量后，再在代码块中使用它们。

【例 6-5】利用循环结构，使用 for 循环打印出 0~9，再打印 9~0。程序代码如下所示。

```
private void Form1_Load(object sender, EventArgs e)
{
    for (int i = 0; i < 10; i++)⑥
    {
        MessageBox.Show(i + " ");
    }
    for (int i = 9; i >= 0; i--)
    {
        MessageBox.Show(i + " ");
    }
}
```

边学边做

⑥ 将局部变量 i 改写为全局变量 i，程序应如何改写？改写后的运行结果和之前的运行结果是否一致？

_____

_____

_____

在同一个事件（Form1_Load）方法中，代码中的变量 i 声明了两次。可以这么做的原因是在这两次声明中，i 都是在循环内部声明的，所以变量 i 对于循环来说是局部变量。

3）全局变量

还有一种全局变量，其作用域可以覆盖几个方法。例如：

```
static string myString="";
static void Write()
{
    string myString = "变量myString定义在Write方法中";
    MessageBox.Show(myString);
    MessageBox.Show("全局变量"+Form1.myString);
}
static void Print()
```

```
{
    string myString = "变量myString定义在Print方法中";
    Form1.myString = "全局变量myString";
    MessageBox.Show(myString);
    MessageBox.Show(Form1.myString);
}
```

这里添加了另一个变量 myString，定义如下：

`static  string  myString="";`

为了区分这个变量与 Print()及 Write()中同名的局部变量，必须用一个完整限定的名来表示变量名分类，一般用该变量所在的类名作为限定名，这里把全局变量表示为 Form1.myString。当全局变量和局部变量同名时，全局变量就会被屏蔽。

全局变量在 Print()中被重新赋值，语句如下：

`Form1.myString = "全局变量 myString";`

在 Print()中访问：

`MessageBox.Show(Form1.myString);`

关键术语

参数传递：Parameter passing

参数修饰符说明：ref、out、params

实训项目

1. 定义一个方法用于计算成绩的平均分（成绩数组为参数），然后在程序中调用该方法，计算英语成绩的平均分，英语成绩为（87,56,91,67,72,88,49,75,81,79）。

2. 编写 min 方法，求 3 个浮点数中的最小值，由用户输入 3 个值，调用 min 方法确定最小值，并显示该最小值。

第 7 章　程序中的控件

能力目标
- 能够使用各种控件，如 RadioButton 控件、CheckBox 控件、ListBox 控件等
- 能够使用各种对话框组件，如文件对话框、颜色对话框、字体对话框等
- 能够开发简单的 MDI 窗体
- 会使用菜单、工具栏和状态栏

知识目标
- 掌握各种控件的属性、事件
- 掌握多文档界面的含义
- 掌握简单的窗体间数据传递的方法

素质目标
- 能够正确地调用窗体
- 能够根据实际需求确定窗体的数量和功能

任务 7-1　用户注册

任务分析

在进入某个系统之前，通常都需要进行验证，确认用户是否有这个权限。实际上，在登录之前会有一些相关的窗体提示首先要进行注册，成功后再进行登录，从而进行下一步的操作。例如，对于学生管理系统而言，新生入学时首先要进行信息注册。注册后才能登录，才能够执行诸如选课、成绩查询等相关的操作。采用如图 7-1 所示的注册界面，用户输入相关的信息后，单击"注册"按钮后的界面如图 7-2 所示。

任务实现

（1）新建"Windows 应用程序"项目，解决方案的名称为"Chapter7"，项目名称为"Task7-1"。

图 7-1 任务 7-1 界面效果图　　　　　　图 7-2 注册后的界面

（2）设计界面。参考图 7-1 和图 7-2 设计程序界面（注：添加新窗体"success.cs"，界面见图 7-2），控件的各属性设置见表 7-1 和表 7-2。

表 7-1 控件的各属性设置

序号	控件类型	主要属性	属性值
1	GroupBox	Text	学生信息
2	Label	Text	学号
3	Label	Text	姓名
4	Label	Text	性别
5	Label	Text	年龄
6	Label	Text	所在系
7	Label	Text	专业
8	Label	Text	兴趣
9	Label	Text	备注
10	TextBox	Name	TxtNum
11	TextBox	Name	TxtName
12	TextBox	Name	TxtProf
13	TextBox	Name	TxtBeizhu
		MultiLine	True
14	RadioButton	Name	RadMan
		Text	男
		Checked	True

续表

序号	控件类型	主要属性	属性值
15	RadioButton	Name	RadWo
		Text	女
16	NumericUpDown	Value	18
		Minimum	15
		Maximum	30
17	ComboBox	Name	CboDepart
		Items	计算机系、服装系、工艺美术系、应用技术系（每行一个）
		DropDownStyle	DropDownList
18	CheckedBox	Name	CheBook
		Text	看书
19	CheckedBox	Name	CheSport
		Text	运动
20	CheckedBox	Name	CheArt
		Text	文艺
21	CheckedBox	Name	CheOther
		Text	其他
22	Button	Name	BtnZhuce
		Text	注册
23	Form	Text	学生注册

表 7-2 控件的各属性设置

序号	控件类型	主要属性	属性值
1	Label	Text	学号
2	Label	Text	姓名
3	Label	Text	性别
4	Label	Text	年龄
5	Label	Text	所在系
6	Label	Text	专业
7	Label	Text	兴趣
8	Label	Text	备注

续表

序号	控件类型	主要属性	属性值
9	Label	Name	LabNum
10	Label	Name	LabUser
11	Label	Name	LabSex
12	Label	Name	LabYear
13	Label	Name	LabDepart
14	Label	Name	LabProf
15	Label	Name	LabInter
16	TextBox	Name	TxtBeizhu
		ReadOnly	True
17	Button	Name	BtnClose
		Text	关闭

（3）编写程序代码。在按钮控件"BtnZhuce"上双击，进入单击事件代码窗口，输入如下代码：

```
1   private void BtnZhuce_Click(object sender, EventArgs e)
2   {
3       string sex="";
4       if(RadMan.Checked)
5           sex="男";
6       else
7           sex="女";
8       string inter="";
9       if(CheBook.Checked)
10          inter=inter+"看书、";
11      if(CheSport.Checked)
12          inter= inter+"运动、";    ①
13      if(CheArt.Checked)
14          inter= inter+"文艺、";
15      if(CheOther.Checked)
16          inter= inter+"其他、";
17      sucess mySuc = new success(TxtNum.Text,   ②
        TxtName.Text, sex,
        numericUpDown1.Value.ToString(),CboDepart.Text,TxtProf.Text,inter, TxtBeizhu.Text);
18      this.Hide();
```

边做边想

① 把"inter=inter+"运动、"换成 inter="运动、"，会出现什么情况？

② 第17行代码，实例化窗体时,把用户输入的信息作为参数，这种传递方式与success 窗体中哪些代码对应？

```
19            mySuc.Show();③
20        }
```

编写 sucess 窗体的构造函数，用作窗体间传递参数，以便将 Form1 窗体中用户输入（选择）的信息在 success 窗体中显示。具体代码如下：

```
21  public sucess(string num,string username,string sex,string year,string
    depart,string prof,string inter,string beizhu)
22  {
23        InitializeComponent();④
24        this.LabNum.Text = num;
25        this.LabUser.Text = username;
26        this.LabSex.Text = sex;
27        this.LabYear.Text = year;
28        this.LabDepart.Text = depart;
29        this.LabProf.Text = prof;
30        this.LabInter.Text = inter;
31        this.TxtBeizhu.Text = beizhu;
32  }
```

编写 success 窗体中"关闭"按钮的事件，关闭整个应用程序，具体代码如下：

```
33  private void BtnClose_Click(object sender, EventArgs e)
34  {
35        Application.Exit();⑤⑥
36  }
```

③ 在显示 success 窗体前，为什么加入代码 this.Hide()？起到了什么作用？
_____
_____
_____

④ 把 InitializeComponent(); 这行代码删除可以吗？请进行操作验证。这条语句有什么作用？
_____
_____
_____

⑤ 第 35 行代码，把 Application.Exit(); 换成 this.Close(); 可以吗？会出现什么情况，请运行程序进行观察。这两条语句的作用有什么不同？
_____
_____
_____

⑥ 要实现本次任务，想一想还有没有其他的方法，例如，哪些控件或者代码可以用自己的方法替代，然后调试运行，检查其运行效果。
_____
_____
_____

（4）运行效果。当用户输入信息，单击"注册"按钮后，就会在新的窗体中显示刚才输入的信息，如图 7-2 所示。

代码分析

第 4～7 行判断第一个单选按钮是否被选中，并根据用户的选择赋值性别 sex 变量。

第 9～16 行判断多选框是否被选中，并赋值用户的兴趣变量。

第 17 行创建 success 窗体的实例 mySuc，通过构造函数传入参数，这些参数是用户填写的相关信息。

第 18 行 Form1 窗体隐藏。

第 19 行 success 窗体显示。

第 21 行创建 success 窗体的构造函数，用作传递参数。

第 23 行系统初始化时使用，不能删除。

第 24~31 行分别接收相应的参数值，并在控件中显示。

从上面的代码分析可以看到，控件的使用要和具体实现的功能相联系，要有选择性地选择控件，要方便用户使用。两个窗体之间互相传递参数，在开发应用程序时经常使用，通常的做法就是本例中使用的通过构造函数来传递，一定要掌握这个方法。下面对其中用到的控件及类似的控件例如 RadioButton 控件、CheckedBox 控件、ComboBox 控件、NumericUpDown 控件、GroupBox 控件做一些详细的讲解。

相关知识：RadioButton 控件、CheckBox 控件、ComboBox 控件、ListBox 控件、CheckedListBox 控件、NumericUpDown 控件、GroupBox 控件、Panel 控件

1. RadioButton 控件

RadioButton 控件为用户提供由两个或多个互斥选项组成的选项集。当用户选择单选按钮时，同一组的其他按钮不能同时选定，仅可以选择其中的一项。如任务 7-1 中用来供用户选择性别，就是使用了 RadioButton 控件。RadioButton 控件的许多属性都与 Button 控件共享。

下面详细介绍 RadioButton 控件的常用属性。

（1）Checked 属性：指示单选按钮是否被选中。默认为 False，单选按钮上没有"•"，表示没有被选中。此属性在代码编写过程中经常用作判断。更改该属性值时，将引发 CheckedChanged 事件。例如：①

```
if(RadMan.Checked)
    sex="男";
else
    sex="女"; ②
```

（2）Image 属性：用来指示显示在控件上的图像。

（3）Appearance 属性：设置控件的外观，其值为 Appearance 枚举值之一，默认为 Normal。

● Normal：RadioButton 控件的默认外观，如本实例性别单选按钮一项。

● Button：按钮的外观，如图 7-3 所示。

RadioButton 控件的常用事件如下。

（1）CheckedChanged 事件：当 Checked 属性值更改时发生。如果原来 Checked 的属性是"False"，即控件没有被选中，而

边学边做

① 在窗体上添加两个单选按钮，一个为"男"，另一个为"女"，设置单选按钮"女"为默认选项，该如何设置？

_____

_____

② 用代码判断单选按钮是否被选中，应该如何编写？

_____

_____

现在变成"True",控件被选中了,则引发该事件,执行事件处理程序中写的代码程序。③

（2）Click 事件：单击控件时发生。注意 Click 事件与 CheckedChanged 事件的不同。

③ 双击其中的一个单选按钮,观察光标的位置,说出它的默认事件。
_____
_____
_____

图 7-3　RadioButton 外观

> 提示：如果在一个窗体中有很多组单选按钮,每一组都有自己的选择,直接把这些控件拖到窗体上,则只能选择其中一个,这就需要把这些单选按钮分组,可以把同一组的放在一个容器（如 Panel 控件、GroupBox 控件）内,如果想添加不同的组,放在不同的容器内即可。这样就实现了各自选择,不会发生冲突。关于 Panel 控件、GroupBox 控件,后面会详细讲述。

2. CheckBox 控件

CheckBox（复选框）控件与 RadioButton 控件相似,不同的是 CheckBox 控件不会互相排斥,用户可以在窗体上选择一个或几个复选框。

由于 CheckBox 控件与 RadioButton 控件有很多属性是共享的,例如 Checked、Appearance,所以这里只介绍 CheckBox 控件特有的属性。

（1）ThreeState 属性：指示此 CheckBox 是否允许三种复选状态而不是两种。单选按钮只有两种状态：一种是被选中 True,另外一种是 False。这两种状态是通过 Checked 属性设置的,这一点复选框也相同。不同的是,有时复选框需要支持三种状态,默认情况下,第三种状态并没有激活,需要将 TreeState 属性设置为 True 才能激活。

（2）CheckState 属性：指示 CheckBox 的状态。当 TreeState 属性被设置为 True 时,也就是激活了第三种状态后,该属性必须被设置为 CheckState 枚举值之一。具体如下：

- Checked：复选框处于选中状态。
- UnChecked：复选框处于未选中状态。
- Indeterminate：复选框处于不确定状态,既没有被选中,也没有被清除,显示的是

图 7-4 复选框的三种状态

灰色的禁用的标志。如图 7-4 所示。

复选框控件的事件与单选框按钮的事件相似，主要有以下 3 个事件：

（1）Click 事件：单击控件时发生。

（2）CheckedChanged 事件：当 Checked 属性值更改时发生。用户双击复选框，此事件为默认事件。

（3）CheckedStateChanged 事件：当 CheckState 属性值更改时发生。

3. ComboBox 控件

ComboBox（组合框）控件用于在下拉列表中显示数据。默认情况下，ComboBox 控件分两个部分显示：顶部是一个允许用户输入列表项的文本框，第二部分是一个列表框，用户可从中选择其中一项。因此此控件可选择性较大，可以在下拉列表中选择，也可以自己输入列表中没有的项。

ComboBox 控件的常用属性如下。

（1）Items 属性：在"属性"窗口中表示所有组合框中的项，数组形式，也可以在代码中通过该属性向列表框中添加选项。例如，ComboBoxName.Items(0)表示组合框中的第一项。

（2）DropDownStyle 属性：控制 ComboBox 控件显示给用户的界面。其值为 ComboBoxStyle 值之一。具体如下。

● DropDown：用户可以编辑文本框部分。列表框部分是隐藏的，用户必须单击箭头按钮来显示列表部分。这是默认样式，如图 7-5 所示。

● DropDownList：用户不能直接编辑文本框部分。列表框部分是隐藏的，用户必须单击箭头按钮来显示列表部分。

● Simple：用户可以编辑文本框部分。列表部分是可见的。

（3）DropDownWidth 属性：指示组合框下拉部分的宽度。

（4）SelectedIndex 属性：获取或设置当前选定项的索引，与选定的列表项对应。如果没

图 7-5 ComboBox 控件默认样式

有选定任何项，则值为–1；如果选定列表中的第一项，则值为 0。此属性在属性窗口中没有，只能在代码编程中使用。

（5）SelectedItem 属性：类似于 SelectedIndex，但它返回项本身，通常是字符串。与上面的 SelectedIndex 属性和 Items 属性可达到相同的效果，其值与 ComboBoxName.Items(SelectedIndex)都表示目前组合框中选定项的文本。此属性在属性窗口中没有，只能

在代码编程中使用。

（6）SelectedText 属性：指示控件的可编辑部分中选定的文本。此属性在属性窗口中没有，只能在代码编程中使用。

（7）Items.Count 属性：列表中的选项总数，比 SelectedIndex 的最大值大 1。

下面介绍 ComboBox 控件的常用方法。

1）ComboBox.Items.Add 方法

public int ComboBox.Items.Add(object item)，向 ComboBox 的项列表添加新项，返回值为集合中项的索引，参数 item 表示要添加到集合的项。例如：

comboBox2.Items.Add("数据结构");

2）ComboBox.Items.AddRange 方法

public void ComboBox.Items.Add(object[] items)，向 ComboBox 的项列表添加项数组。用这种方法可一次向组合框添加多个新项。例如：

string[] pro = new string[]{"数据结构", "数据库", "C#程序设计"};
ComboBox.Items.AddRange(pro);

3）ComboBox.Items.Clear 方法

从 ComboBox 控件中清除所有的项。

4）ComboBox.Items.Insert 方法

public void ComboBox.Items.Insert(int index，object item)，将一项插入集合中指定索引处。参数 index 表示插入项的从零开始的索引位置，参数 item 表示要插入的项。

5）ComboBox.Items.Remove 方法

public void ComboBox.Items.Remove(object item)，从 ComboBox 控件中移除指定的项，参数 item 给出要移除项的文本。

6）ComboBox.Items.RemoveAt 方法

public void ComboBox.Items.Remove(int index)，从 ComboBox 控件中移除指定索引处的项。

ComboBox 控件的常用事件如下。

（1）SelectedIndexChanged 事件：当选定的索引项发生变化时引发此事件，通过此事件可对用户在列表项中选择的不同选项做出不同的操作。SelectedItemChanged 事件表示组合框中选定项的文本发生变化时引发的事件，可与 SelectedIndexChanged 事件达到相同的效果。

（2）TextChanged 事件：当组合框中的文本发生变化时引发该事件。

在实际的操作中，经常会遇到这样的情况：系统能根据用户所做的不同选择，给用户提供不同的选项。例如，当用户进行信息的注册时，有时需要选择所在省份和所在城市。例如，用户选择辽宁省，那么辽宁省包含的所有城市会在列表中列出，方便用户选择；如果选择其他省份，也会有其他的城市对应。用下面的例子实现类似的功能。

【例 7-1】对于学生管理系统来说，管理员通常会有查询某一门课成绩的权限，对于不同的系，会有不同的课程，这样就需要进行选择。比如，当管理员选择计算机系时，对应计算机系的课程就会在列表中列出，运行效果如图 7-6 所示。实现步骤如下：

（1）打开解决方案"Chapter7"，添加新项目，项目名称为"Exa7-1"。
（2）界面设计，参考图 7-6 设计程序界面，控件的各属性设置见表 7-3。

图 7-6 选择"计算机系"

表 7-3 控件详细设置

序号	控件类型	主要属性	属性值
1	Label	Text	选择系
2	Label	Text	选择课程
3	ComboBox	Name	CboDepart
		DropDownStyle	DropDownList
		Items	计算机系、服装系
4	ComboBox	Name	CboCourse
		DropDownStyle	DropDownList
5	Button	Text	查询
6	Form1	Text	成绩查询

（3）编写代码。选中第一个组合框控件，双击进入 SelectedIndexChanged 事件处理程序，并编写代码如下：

```
private void CboDepart _SelectedIndexChanged(object sender, EventArgs e)
{
    if (CboDepart.SelectedIndex == 0)
    //判断是否选中了第一项"计算机系"
    {
```

```
        CboCourse.Items.Clear();//清除掉原来的项目
        CboCourse.Items.Add("数据结构");//添加新项 ④
        CboCourse.Items.Add("数据库");
        CboCourse.Items.Add("C#程序设计");
    }
    else
    {
        CboCourse.Items.Clear();//清除掉原来的项目 ⑤
        CboCourse.Items.Add("服装画技法");//添加新项
        CboCourse.Items.Add("服装材料学");
        CboCourse.Items.Add("服装工艺");
    }
}
```

边学边做

④ 在 Exa7-1 中，添加项使用的代码是 CboCourse.Items.Add(" 数据结构 ");CboCourse.Items.Add(" 数据库 "); CboCourse. Items.Add("C#程序设计");，请问还可以使用什么方式添加？请写出来。
_____
_____
_____

⑤ 在 Exa7-1 中，如果在编写代码时不设置 Clear 方法，会产生什么效果？
_____
_____
_____

> **提示**：一定要用 Clear 方法清除，否则，当第二次选择时，无论选择哪个系，所有的选项都会列出。

4. ListBox 控件

ListBox 控件显示一个项列表，用户可以从中选择一项或多项。该控件与 ComboBox 控件类似，区别是在 ComboBox 控件中，用户只可以选择一项。列表框（ListBox）可以以多列形式显示，也可以以单列形式显示。如果项总数超出可以显示的项数，则自动向 ListBox 控件添加滚动条。

ListBox 的很多属性与 ComboBox 的属性相似，这里仅介绍几个 ListBox 特有的属性。

（1）MultiColumn 属性：当列表框中的内容大于列表框显示的高度时，如果设置为 True，列表框可以多列显示，并出现一个水平滚动条，否则以单列显示，出现一个垂直滚动条。默认值为 False。

（2）SelectionMode 属性：确定用户一次可以选择多少项，具体值为 SelectionMode 值之一。⑥

● MultiExtended：可以选择多项，并且用户可使用 Shift 键、Ctrl 键和箭头键进行选择。

● MultiSimple：可以选择多项。

● None：无法选择项。

● One：只能选择一项。系统默认值。

边学边做

⑥ 设置 ListBox 控件，允许用户多项选择，应该如何设置？请具体操作。
_____
_____
_____

ListBox 控件的方法和事件与 ComboBox 的相同，这里不做介绍。

5．CheckedListBox 控件

CheckedListBox（复选列表框）控件与 ListBox 控件类似，显示列表项，同时还可以在列表中的项的旁边显示选中标记，如图 7-7 所示。它可以完成列表框的所有任务。CheckedListBox 只能有一项选定或没有选定。注意选定的项在窗体上突出显示，一般显示蓝色横条。与已选中的项不同，已选中的项是指用户在前面打钩的项。

可以使用"字符串集合编辑器"为复选列表框添加项，也可以使用 Items 属性在运行时使用代码动态地添加项。

CheckedListBox 控件的常用属性如下。

图 7-7 CheckedListBox 应用

（1）CheckedItems 属性：复选列表框中选中项的集合，即用户在复选框中勾中的项。该属性经常应用于代码编写。

（2）CheckedIndices 属性：选中索引的集合。该属性经常应用于代码编写。

（3）CheckOnClick 属性：指示当用户选择某项时，该项是否被立即选中，如果是，设置为 True，否则设置为 False。系统默认值是 False。

（4）SelectionMode 属性：指定列表可以被选择的方式。与 ListBox 控件不同，其值只可以被设置为 One 或 None。如果设置为 MultiSimple 或 MultiExtended，则系统会提示错误。

（5）ThreeDCheckBoxes 属性：指示复选框的外观状态。如果复选框为平面外观，则为 True；否则为 False。默认为 True。

CheckedListBox 控件的事件与 ListBox 的类似，在这里就不详细讲述了。

6．NumericUpDown 控件

NumericUpDown 控件有时也称作 up-down 控件，显示并设置选择列表中的单个数值。该控件看起来像是一个文本框与一对箭头的组合，用户可以单击向上箭头和向下箭头来调整值。单击向上箭头时，值沿最大值方向增加；单击向下箭头时，沿最小值方向移动。此类控件经常用在音乐播放器上的音量控制上。

NumericUpDown 控件的常用属性如下。

（1）Value 属性：指示数字显示框的值。注意，不是 Text 属性。

（2）Minimun 属性：用来指示数字显示框的最小值。

（3）Maximun 属性：用来指示数字显示框的最大值。

（4）Increment 属性：指示用户每单击向上箭头或向下箭头时，增加或减少的数量。⑦

（5）DecimalPlaces 属性：指示要显示的小数位数，默认值为 0。如果每次增加 0.2，则需要设置 Increment 属性为 0.2，

边学边做

⑦ 在窗体中添加 NumericUpDown 控件，设置该控件每次增加 2，该如何设

再设置该属性值为 1。

（6）Hexadecimal 属性：指示 NumericUpDown 控件的值是否以十六进制显示。

NumericUpDown 控件的事件用得不是很多，双击该控件进入的是 ValueChanged 事件，Value 属性值发生改变时发生。

7. GroupBox 控件

GroupBox（分组框）控件用于为其他控件提供可识别的分组。通常使用 GroupBox 控件按功能细分窗体，或者为单选按钮提供分组，使其进行独立的工作。例如，可能有一个订单窗体，它指定邮寄选项（如使用哪一类通宵承运商）。在分组框中对所有选项进行分组，以方便用户操作及归类。当用户移动 GroupBox 控件时，它包含的所有的控件都会移动。此控件的特点是可以显示标题。

由于 GroupBox 控件作为容器使用，它的属性就不多介绍了，其中 Text 属性是设置标题的，其他如 BackColor、BackgroundImage 等属性与其他控件类似。

下面是利用 GroupBox 控件对单选按钮进行分组的例子，由于把这四个单选按钮放置在两个 GroupBox 中，这样就分成了两组，每组只可以选择一个，两组之间就可以独立工作了，如图 7-8 所示。⑧

置？请具体操作。
_____
_____
_____

⑧ 在窗体中放置多组单选按钮，每组选项之间互相独立，这时可以使用什么容器完成？
_____
_____
_____

图 7-8　GroupBox 分组

8. Panel 控件

Panel 控件与 GroupBox 相似，也是用于为其他控件提供可识别的分组。分在一个面板的控件可以通过面板的 Controls 属性访问。此控件的特点是可以设置滚动条，把 AutoScroll 属性设置为 True 就可以了。

GroupBox 控件和 Panel 控件的区别是，只有 GroupBox 控件可以设置标题，只有 Panel 控件可以设置滚动条。需要注意的是，当设置 Panel 和 GroupBox 控件的 Enabled 属性为

False 时，控件内所有的控件均被屏蔽，不允许用户对其操作。当这两个控件的 Visible 属性为 False 时，控件内所有的控件都被隐藏。

【例 7-2】制作自动测试小程序，以单项选择题为例，要求用户提交答案后，立刻知道自己所得分数。界面如图 7-9 所示。实现步骤如下：

（1）打开解决方案"Chapter7"，添加新项目，项目名称为"Exa7-2"。

（2）设计界面。参考图 7-9 设计程序界面，控件的各属性设置见表 7-4，每一组选项都放在一个 Panel 控件中。

图 7-9 界面

表 7-4 控件的各属性设置

序号	控件类型	主要属性	属 性 值
1	GroupBox	Text	单选题（每题 2 分，共 10 分）
2	Label	Text	1. 使用___修饰符定义的变量称为静态变量。
3	Label	Text	2. Char 类型的取值范围为_____。
4	Label	Text	3. 结构化程序设计的 3 种基本结构是_____。
5	Label	Text	4. 下面是几条定义初始化一维数组的语句，正确的是____。
6	Label	Text	5. C#中单行注释的符号是____。
7	RadioButton	Name	RadExamOne1
		Text	A.static
		Checked	True

续表

序号	控件类型	主要属性	属性值
8	RadioButton	Name	RadExamOne2
		Text	B.int
9	RadioButton	Name	RadExamOne3
		Text	C.long
10	RadioButton	Name	RadExamOne4
		Text	D.double
11	RadioButton	Name	RadExamTwo1
		Text	A.-128~127
		Checked	True
12	RadioButton	Name	RadExamTwo2
		Text	B.0~255
13	RadioButton	Name	RadExamTwo3
		Text	C.-32768~32767
14	RadioButton	Name	RadExamTwo4
		Text	D.0~65535
15	RadioButton	Name	RadExamThree1
		Text	A. 顺序结构、if 结构、for 结构
		Checked	True
16	RadioButton	Name	RadExamThree2
		Text	B. if 结构、if…else 结构、else if 结构
17	RadioButton	Name	RadExamThree3
		Text	C. while 结构、do…while 结构、foreach 结构
18	RadioButton	Name	RadExamThree4
		Text	D. 顺序结构、分支结构、循环结构
19	RadioButton	Name	RadExamFour1
		Text	A.int arr[]={1，2，3，4，5};
		Checked	True
20	RadioButton	Name	RadExamFour2
		Text	B.int[] arr=new int[];
21	RadioButton	Name	RadExamFour3
		Text	C.int[] arr=new int[]{1，2，3，4，5};

续表

序号	控件类型	主要属性	属性值
22	RadioButton	Name	RadExamFive4
		Text	D.int[] arr=new int[4]{1，2，3，4，5}；
23	RadioButton	Name	RadExamFive1
		Text	A.'
		Checked	True
24	RadioButton	Name	RadExamFive2
		Text	B."
25	RadioButton	Name	RadExamFive3
		Text	C.//
26	RadioButton	Name	RadExamFive4
		Text	D./*
27	Button	Name	BtnSubmit
		Text	提交
28	Form1	Text	测试

（3）编写程序代码。在按钮控件"BtnSubmit"上双击，进入单击事件代码窗口，输入如下代码：

```
private void BtnSubmit_Click(object sender, EventArgs e)
{
    int score=0;
    if (RadExamOne1.Checked)
        score += 2;
    if (RadExamTwo4.Checked)
        score += 2;
    if (RadExamThree4.Checked)
        score += 2;
    if (RadExamFour3.Checked)
        score += 2;
    if (RadExamFive3.Checked)
        score += 2;
    DialogResult dr=MessageBox.Show("正确答案是：A、D、D、C、C\n 您的得分为： " + score+"分","得分"); //弹出消息框
    if (dr == DialogResult.OK) //判断是否单击了"确定"按钮 ⑨
        this.Close();
} ⑩
```

边学边做

⑨ 在 Exa7-2 中，代码 if (dr==DialogResult.OK)起到什么作用？
_____
_____
_____

⑩ 在运行程序的过程中，遇到了哪些调试故障？是如何解决的？
_____
_____
_____

(4)分析与运行。首先判断每题的正确答案选项是否被选中,如果选中,则加2分,最后通过弹出对话框显示每个题目的正确答案和所得分数。当单击"确定"按钮后,窗体关闭。运行效果如图7-10所示。

图7-10 运行效果

关键术语

控件:Control
属性:Properties
事件:Event
构造函数:Constructor

实训项目

1. 制作一窗体,如图7-11所示,在文本框中输入出版社的名称,单击"添加"按钮后,把输入的信息加入列表框中,如果文本框输入的值为空,单击"添加"按钮,要有信息提示。

2. 练习使用ListBox控件。如图7-12所示,用户在文本框中输入记录,单击"添加"按钮时,会把记录添加到列表中;当没有选择列表中的项目时,单击"删除"按钮时要提示用户选择记录,如果选中一条或多条记录,则删除选中项。

图 7-11 界面效果

3. 练习使用 GroupBox 控件、单选按钮、多选按钮，设计如图 7-13 所示的界面，当用户选择的时候，在文本框中显示出来。

图 7-12 界面效果

图 7-13 界面效果

任务 7-2　图片播放器

任务分析

现在每个人电脑里的图片都很多，有许多看图软件，如 Windows 系统自带的图片查看器，需要用户逐个单击图片才可以，不是很方便，因此想要设计一款图片播放器，可以自己设置播放图片的列表，让图片自动播放，这样就大大方便了用户的使用。播放器的运行效果如图 7-14 所示。

第 7 章 程序中的控件

图 7-14 播放器

任务实现

（1）打开解决方案"Chapter7"，添加新项目，项目名称为"Task7-2"。
（2）设计界面。参考图 7-14 设计程序界面，控件的各属性设置见表 7-5。

表 7-5 控件的各属性设置

序号	控件类型	主要属性	属性值
1	ListBox	Name	ListFile
		Items	播放列表
2	PictureBox	Image	logo1.jpg
3	OpenFileDialog	Filter	jpeg File(*.jpg)|*.jpg
4	Timer	Interval	2000
5	Button	Name	BtnOpen
		Text	打开
6	Button	Name	BtnExit
		Text	退出
7	Form1	Text	图片播放器

（3）编写程序代码。在按钮控件"BtnOpen"上双击，进入单击事件代码窗口，输入如下代码：

```
1  private void BtnOpen_Click(object sender, EventArgs e)
2  {
3      openFileDialog1.Multiselect = true;  ①
4      openFileDialog1.Filter = "jpeg File(*.jpg)|*.jpg";
5      openFileDialog1.ShowDialog();
```

边做边想

① 第 3 行代码具体起到什么作用？除了可以在代码中设置外，可以在"属性"窗口中设置吗？请验证一下。

```
6       for (int i = 0; i < openFileDialog1.FileNames.Length; i++)
7       {
8           int GetFileNameIndx =
                openFileDialog1.FileNames[i].LastIndexOf("\\"); ②
9           string GetFileName =
openFileDialog1.FileNames[i].Substring(GetFileNameIndx + 1);
10          ListFile.Items.Add(GetFileName);
11      }
12  }
```

② 第 8 行代码具体起到什么作用？请根据自己的理解解释。

编写 Form1 窗体中"播放"按钮的 Click 事件：双击"播放"按钮，在 Click 事件中编写如下代码：

```
13  private void BtnControl_Click(object sender, EventArgs e)
14  {
15      if (ListFile.Items.Count == 0)return; ③
16      if (BtnControl.Text == "播放") ④
17      {
18              pictureBox1.ImageLocation =
openFileDialog1.FileNames[fileIndex];
19              timer1.Enabled = true;
20              BtnControl.Text = "暂停";
21      }
22      else
23      {
24              timer1.Enabled = false;
25              BtnControl.Text = "播放";
26      }
27  }
```

③ 第 15 行代码 if (ListFile.Items.Count == 0)return; 是什么情况下程序返回？

④ 按钮的文本默认显示的是"播放"，请问在程序运行过程中，有没有显示其他的文字？

编写 Form1 窗体中"退出"按钮的 Click 事件：双击"退出"按钮，在 Click 事件中编写如下代码：

```
28  private void BtnExit_Click(object sender, EventArgs e)
29  {
30      this.Close();
31  }
```

编写 Timer 组件的 Tick 事件：双击 Timer 组件，在 Tick 事件中编写如下代码：

```
32  private void timer1_Tick(object sender, EventArgs e)
33  {
34      if (fileIndex < openFileDialog1.FileNames.Length - 1)
35      {
```

36	fileIndex++;
37	pictureBox1.ImageLocation = openFileDialog1.FileNames[fileIndex];
38	}
39	else
40	{
41	fileIndex = 0;
42	pictureBox1.ImageLocation = openFileDialog1.FileNames[fileIndex];
43	}
44	}

（4）运行效果。单击"打开"按钮，选择本地硬盘上要播放的图片，单击"播放"按钮，运行效果如图 7-14 所示。

代码分析

第 3 行设置打开文件对话框允许选择多个文件。

第 4 行设置打开文件对话框的过滤字符串。

第 5 行运行打开文件对话框。

第 6 行遍历在打开文件对话框中选择的文件名。

第 8 行从后面开始查找文件名中"\"符号所在位置。

第 9 行从"\"后面的位置截取文件名字符串。

第 10 行把截取的文件名添加到播放列表中。

第 15 行判断列表中是否有要播放的文件，程序返回。

第 16 行判断当前按钮是否显示"播放"两个字。

第 18 行在 PictureBox 控件中显示对话框中选择的第一个图片。

第 19 行运行计时器。

第 20 行按钮上显示"暂停"两个字。

第 24 行停止运行计时器。

第 25 行按钮上显示"播放"两个字。

第 30 行关闭当前窗体。

第 34 行判断索引值是否小于打开文件对话框中文件的长度减 1。

第 36 行索引值自增。

第 37 行在图片框中显示对话框中指定索引的图片。

第 41 行设置索引值为 0。

第 42 行在图片框中显示对话框中选择的第一个图片。

从上面的代码分析可以看到，利用计时器和图片框可以用很少的代码轻松地完成图片播放器的制作，主要实现了连续播放这一功能，方便用户观看图片，读者可以把本例进行扩展，制作功能更复杂些的图片播放器。下面对其中用到的控件例如 PictureBox 控件、Timer 组件及打开文件对话框做一些详细的讲解。

相关知识：PictureBox 控件、Timer 组件、OpenFileDialog 组件、MessageBox 对象

1. PictureBox 控件

Windows 窗体 PictureBox 控件用于显示位图、GIF、JPEG、图元文件或图标格式的图形。所显示的图片由 Image 属性确定，该属性可在运行时或设计时设置。

下面介绍 PictureBox 控件的常用属性。

（1）Image 属性：获取或设置 PictureBox 显示的图像，可以在设计或运行时进行。

● 设计时显示图片

具体操作是：单击该属性右侧的按钮，弹出"选择资源"对话框，选择"项目资源文件"选项或者"本地资源"选项，单击"导入"按钮，在本地电脑中选择图片，选中并单击"确定"按钮即可。

● 编程时显示图片

使用 Image 类的 FromFile 方法设置，下面示例中图片的路径设置为 D:\pic。

`pictureBox1.Image=Image.FromFile(@"D:\pic\bg.bmp");`

（2）ImageLocation 属性：获取或设置要在 PictureBox 中显示的图像的路径。在 Task7-2 中的代码设置如下：

`pictureBox1.ImageLocation = openFileDialog1.FileNames[fileIndex];` ①

边学边做

① 对于 PictureBox 控件，如果编程时显示图片，有几种设置方法？具体怎么写？
_____
_____
_____

（3）SizeMode 属性：指示如何显示图像。它必须被设置为 PictureBoxSizeMode 枚举类型中的一个值，默认情况下被设置为 Normal。具体值如下：

● AutoSize：调整 PictureBox 大小，使其等于所包含的图像大小，图片的左上角与控件的左上角对齐。

● CenterImage：如果 PictureBox 比图像大，则图像将居中显示。如果图像比 PictureBox 大，则图片将居于 PictureBox 中心，而外边缘将被剪裁掉。如图 7-15 所示，设置图片框的背景颜色为白色，中间为要显示的图像。

● Normal：图像被置于 PictureBox 的左上角。如果图像比包含它的 PictureBox 大，则该图像将被剪裁掉。

● StretchImage：PictureBox 中的图像被拉伸或收缩，以适合 PictureBox 的大小。

● Zoom：图像大小按其原有的大小比例被增加或减小。

2. Timer 组件

Windows 窗体计时器（Timer）是定时引发事件的组件。用户可以自定义时间间隔的长度，每个时间间隔引发一个事件，执行事件处理程序中的代码。在窗体中加入 Timer 组件，运行后该组件是不可见的。

下面详细介绍 Timer 组件的常用属性。

（1）Interval 属性：定义的时间间隔的长度，单位为毫秒，默认值为 100。②

（2）Enabled 属性：指示是否启用组件，默认值为 False。
Tick 事件：每个时间间隔引发该事件。

Timer 组件的常用方法有两个，分别是 Start 打开计时器和 Stop 关闭计时器。③

② 设置 Timer 组件的时间间隔为 2000，请问单位是什么？此属性可以在属性中设置，也可以在代码中设置，如果在代码中设置，该怎么写？写在什么位置？
_____
_____
_____

③ 如果运行窗体时，就启动 Timer 组件，请问有几种方法可以完成？分别是什么？请详细说明。
_____
_____
_____

图 7-15　CenterImage 效果

提示：如果在属性窗口中设置 Enabled 属性值为 True，就相当于在加载窗体时使用了 Start 方法。

【例 7-3】下面是使用计时器的小例子，在许多应用程序中，窗体上往往有时间的提示，这个可以利用 Timer 组件来实现，可以动态显示时间。如图 7-16 所示，当加载窗体时，时间就会显示，并且随着时间的变化而改变。实现步骤如下：

图 7-16　显示时间

（1）打开解决方案"Chapter7"，添加新项目，项目名称为"Exa7-3"。

（2）界面设计，参考图 7-16 设计程序界面，控件的各属性设置见表 7-6。

表 7-6 控件详细设置

序号	控件类型	主要属性	属性值
1	Form1	Text	Timer
2	Label	Text	当前时间
3	Label	Name	LabTime
		Text	为空
		ForeColor	红色

（3）写入如下代码。

- 双击窗体，进入 Load 事件处理程序，编写如下代码。

```
private void Form3_Load(object sender, EventArgs e)
{
    timer1.Start();  ④
    timer1.Interval = 1000;
}
```

边学边做

④ Exa7-3 中，在 Load 事件处理程序中设置了 timer.Start()，请问可以用另外一种方法代替吗？请验证。

_____
_____
_____

- 双击 Timer 组件，进入 Tick 事件处理程序，并编写如下代码。

```
private void timer1_Tick(object sender, EventArgs e)
{
    LabTime.Text = DateTime.Now.ToString();
}
```

（4）分析与运行。在页面加载时开启计时器，也可以在"属性"窗口中设置 Timer 的 Enabled 属性值为 True，并设置时间间隔为 1 000 毫秒，也就是每 1 秒触发一次 Tick 事件，也可以在"属性"窗口中设置，这样在 Label 标签中显示的时间就是动态的。

3. OpenFileDialog 组件

OpenFileDialog（文件对话框）组件是一个预先配置的对话框，与 Windows 系统所公开的"打开文件"对话框相同。

下面详细介绍 OpenFileDialog 组件的常用属性。

（1）Title：文件对话框的标题。

（2）Multiselect：指示对话框是否允许选择多个文件。

（3）DefaultExt：指示默认文件扩展名。

（4）FileName：指示文件对话框中选定的文件名。

（5）FileNames：以数组形式显示，表示对话框中所有选定文件的文件名。通常在代码编程中使用该属性。

（6）Filter：获取或设置当前文件名筛选器字符串，该字符串决定对话框的"另存为文件类型"或"文件类型"框中出现的选择内容。其格式为：显示的文本信息|对应的格式，可以进行代码设置，也可以在"属性"窗口设置。例如，设为"Images (*.BMP;*.JPG;*.GIF)|*.BMP;*.JPG; *.GIF|所有文件(*.*)|*.*"，在文件类型的列表中显示的文本一个为 Images (*.BMP;*.JPG;*.GIF)，其图片格式对应的是 BMP、JPG、GIF 格式，另一个显示的文本为所有文件(*.*)，对应的格式不限，所以为"*.*"，运行效果如图 7-17 中的"文件类型"所示。⑤

（7）FilterIndex：指示文件对话框中当前选定筛选器的索引。默认值为 1。使用该属性设置第一个显示给用户的筛选选项，例如设置 Filter 属性为"Images (*.BMP;*.JPG;*.GIF)|*.BMP;*.JPG;*.GIF|所有文件(*.*)| *.*"，当设置该属性值为 2 时，在对话框中文件类型就会第一个显示"所有文件(*.*)"。

（8）InitialDirectory：指示文件对话框显示的初始目录。通常在代码编程中使用该属性。

（9）ReadOnlyChecked：指示是否选定只读复选框。如果选中了只读复选框，则为 true；反之，则为 false。默认值为 false。如果用户选择以只读方式打开文件，则设置该属性值为 True，如图 7-18 所示。⑥

边学边做

⑤ 如果把 OpenFileDialog 组件的筛选器字符串设置成了 "Images (*.BMP;*.JPG;*.GIF)|*.BMP;*.JPG;*.GIF|所有文件(*.*)|*.*"，表示什么意思？
_____
_____
_____

⑥ 如果想在打开文件对话框中显示只读复选框，该如何设置？请操作。
_____
_____
_____

图 7-17　文件类型实例

图 7-18　只读方式打开

> **提示**：必须事先设置 ShowReadOnly 属性为 True，才能在对话框中显示只读复选框。

（10）ShowReadOnly：指示对话框是否显示只读复选框。与 ReadOnlyChecked 属性搭配使用。

（11）ShowHelp：指示文件对话框中是否显示"帮助"按钮。打开文件对话框的主要事件是 FileOk，当用户单击文件对话框中的"打开"或"保存"按钮时发生。

关键术语

组件：Components
位图：Bitmap
路径：Path
只读：Read-only

实训项目

1. 创建一个显示和隐藏图片的窗体，选中"显示"单选按钮时显示图片，选中"隐藏"单选按钮时隐藏图片，如图 7-19 所示。

图 7-19　显示图片

2. 设计一个秒表计时器，如图 7-20 所示，文本框中显示当前的秒数，当单击"开始计时"按钮时，文本框中的秒数开始从 0 增长，每秒加 1。

图 7-20　计时器

3. 在窗体上添加一个按钮、一个标签。单击按钮时，弹出一个打开文件对话框，在对话框中选择一个文件，单击"确定"按钮后，在标签中显示选中文件的路径。

任务 7-3　简易记事本

任务分析

在电脑普及的今天，人们常常需要使用 Word 等专业的 Office 办公软件来编辑、打印文件，而在 Windows 系统中也自带了一个小的文本编辑器——记事本，使用它也可以编辑、排版简单的文档，现在就要用目前学习的 C#语言来编写一个类似记事本的应用程序。运行界面如图 7-21 所示。

图 7-21　运行界面

任务实现

（1）打开解决方案"Chapter7"，添加新项目，项目名称为"Task7-3"。

（2）设计界面。按照图 7-21 所示设计界面，具体各控件的设置可参考表 7-7。其中在"文件"菜单项下添加 4 个子项，如图 7-22 所示。设置"退出"项的 ShortcutKeys 属性，具体操作是，单击右侧的按钮，弹出如图 7-23 所示的列表，修饰符选择 Alt，键选择 X。

表 7-7 各控件的设置

序号	控件类型	主要属性	属 性 值
1	Form1	Text	记事本
2	ToolStripMenuItem	Text	文件
3	ToolStripMenuItem	Text	编辑
4	ToolStripMenuItem	Text	格式
5	ToolStripMenuItem	Text	帮助
6	ToolStripMenuItem	Name	MenuItemOpenFile
		Text	打开
7	ToolStripMenuItem	Name	MenuItemSaveFile
		Text	保存
8	ToolStripMenuItem	Name	MenuItemSaveAs
		Text	另存为
9	ToolStripMenuItem	Name	MenuItemExit
		Text	退出（X）
		ShortcutKeys	Alt+X
10	ToolStripMenuItem	Name	MenuItemUndo
		Text	撤销
11	ToolStripMenuItem	Name	MenuItemCopy
		Text	复制
12	ToolStripMenuItem	Name	MenuItemCut
		Text	剪切
13	ToolStripMenuItem	Name	MenuItemPaste
		Text	粘贴
14	ToolStripMenuItem	Name	MenuItemRedo
		Text	重做
15	ToolStripMenuItem	Name	MenuItemFont
		Text	字体
16	ToolStripMenuItem	Name	MenuItemColor
		Text	颜色
17	ToolStripMenuItem	Name	MenuItemBackColor
		Text	背景色

续表

序号	控件类型	主要属性	属 性 值
18	ToolStripMenuItem	Name	MenuItemAbout
		Text	关于记事本
19	FontDialog	ShowColor	True

图 7-22 添加子项

图 7-23 设置 ShorcutKeys 属性

（3）编写程序代码。

编写"打开"项的 Click 事件，选择菜单"文件"→"打开"，双击该项，进入 Click 事件处理程序，编写代码如下：

```
1 private void MenuItemOpenFile_Click(object sender, EventArgs e)
2 {
3     openFileDialog1.Title = "请选择一个文件"; ①
4     openFileDialog1.Filter = "RTF 格式文件(*.rtf)|*.rtf|文本文件
        (*.txt)|*.txt|所有文件(*.*)|*.*";  //打开文件格式
5     openFileDialog1.RestoreDirectory = true;   //还原当前目录
6     string MyFileName;
7     if (openFileDialog1.ShowDialog() == DialogResult.OK) ②
8     {
9         MyFileName = openFileDialog1.FileName; //返回选取的文件
10        if (openFileDialog1.FilterIndex = = 1)
11        {
// 如果是*.rtf 格式，则用 RichText（RTF 格式文件）方式打开
12            richTextBox1.LoadFile(MyFileName,
RichTextBoxStreamType.RichText);
13        }
14        else
15        { //用 PlainText（文本文件）方式打开
16            richTextBox1.LoadFile(MyFileName,
```

边做边想

① 除了在代码中设置外，该属性可以在"属性"窗口中设置吗？请操作。

_____
_____
_____

② 请说出这行代码判断用户单击了什么按钮？

_____
_____
_____

RichTextBoxStreamType.PlainText);
17   } ③
18   LabName.Text = openFileDialog1.FileName;}
19 }

③ 在本次任务中，RichTextBox 控件加载文件的方式使用了两种，分别是什么？
_____
_____
_____

编写"保存"项的 Click 事件，选择菜单"文件"→"保存"，双击该项，进入 Click 事件处理程序，编写代码如下：

20 private void MenuItemSaveFile_Click(object sender, EventArgs e)
21 {
22   saveFile();④
23 }
24 private void saveFile()
25 {
26   string MyFileName = LabName.Text;
27   if (MyFileName == "")
28   {
29   saveAs();⑤
30   return;
31   }
32   MyFileName = LabName.Text.ToUpper(); ⑥
33   try   // 文件保存可能出错,需要错误捕获
34   {
35   if (MyFileName.EndsWith(".RTF"))
36   {
// 如果是*.rtf 格式，则用 RichText（RTF 格式文件）方式保存
37   richTextBox1.SaveFile(MyFileName, RichTextBoxStreamType.RichText);
38   }
39   else
40   {   //用 PlainText（文本文件）方式保存
41   richTextBox1.SaveFile(MyFileName, RichTextBoxStreamType.PlainText);
42   }
43   }
44   catch (Exception Err)
45   {
46   MessageBox.Show("写文本文件发生错误！\n" + Err.Message, "信息提示");
47   }

④ 第 22 行代码主要是调用了下面哪几行代码？
_____
_____
_____

⑤ 把另存文件设置成一个单独的方法 saveAs()，有什么好处吗？
_____
_____
_____

⑥ 为什么要把文件名转换成大写，根据自己的理解，说说这么做有什么好处。
_____
_____
_____

```
48  }
```
编写"另存为"项的 Click 事件，选择菜单"文件"→"另存为"，双击该项，进入 Click 事件处理程序，编写代码如下：
```
49  private void MenuItemSaveAs_Click(object sender, EventArgs e)
50  {
51          saveAs();
52      }
53  private void saveAs()
54      {
55          saveFileDialog1.Filter = "RTF 格式文件(*.rtf)|*.rtf|文本文件(*.txt)|*.txt";
56          // DialogResult dialogResult =
//saveFileDialog1.ShowDialog();
57          string MyFileName = saveFileDialog1.FileName;
58          if (saveFileDialog1.ShowDialog() == DialogResult.OK
&& MyFileName.Trim() != "") ⑦
59          {
60              try   // 文件保存可能出错，需要错误捕获
61              {
62                  if (saveFileDialog1.FilterIndex == 1) ⑧
63                      richTextBox1.SaveFile(MyFileName,
RichTextBoxStreamType.RichText);
64                  else
65                      richTextBox1.SaveFile(MyFileName,
RichTextBoxStreamType.PlainText);
66              }
67              catch (Exception Err)
68              {
69                  MessageBox.Show("写文本文件发生错误！\n"
+ Err.Message, "信息提示");
70              }
71          }
72  }
```
编写"退出"项的 Click 事件，选择菜单"文件"→"退出"，双击该项，进入 Click 事件处理程序，编写代码如下：
```
73  private void MenuItemExit_Click(object sender, EventArgs e)
74      {
75          this.Close(); ⑨⑩
76      }
```

⑦ 自己运行 saveFileDialog1.ShowDialog()这行代码，观察弹出的对话框，然后解释第 58 行代码。
_____
_____
_____

⑧ saveFileDialog1.FilterIndex ==1 具体指的是什么格式文件？
_____
_____

⑨ 还可以使用什么代码退出系统？
_____
_____

⑩ 本程序中用到了许多 try…catch 语句，请简单说明这么做的好处。
_____
_____

编写"撤销"项的 Click 事件，选择菜单"编辑"→"撤销"，双击该项，进入 Click 事件处理程序，编写代码如下：

```csharp
77  private void MenuItemUndo_Click(object sender, EventArgs e)
78  {
79      if (richTextBox1.CanUndo)
80          richTextBox1.Undo();
81  }
```

编写"复制"项的 Click 事件，选择菜单"编辑"→"复制"，双击该项，进入 Click 事件处理程序，编写代码如下：

```csharp
82  private void MenuItemCopy_Click(object sender, EventArgs e)
83  {
84      if (richTextBox1.CanSelect)
85          richTextBox1.Copy();
86  }
```

编写"剪切"项的 Click 事件，选择菜单"编辑"→"剪切"，双击该项，进入 Click 事件处理程序，编写代码如下：

```csharp
87  private void MenuItemCut_Click(object sender, EventArgs e)
88  {
89      if (richTextBox1.CanSelect)
90          richTextBox1.Cut();
91  }
```

编写"粘贴"项的 Click 事件，选择菜单"编辑"→"粘贴"，双击该项，进入 Click 事件处理程序，编写代码如下：

```csharp
92  private void MenuItemPaste_Click(object sender, EventArgs e)
93  {
94      IDataObject iData = Clipboard.GetDataObject();
95      if (iData.GetDataPresent(DataFormats.Text))
96          this.richTextBox1.SelectedText = (String)iData.GetData(DataFormats.Text);
97  }
```

编写"重做"项的 Click 事件，选择菜单"编辑"→"重做"，双击该项，进入 Click 事件处理程序，编写代码如下：

```csharp
98   private void MenuItemRedo_Click(object sender, EventArgs e)
99   {
100      if (richTextBox1.CanRedo)
101          richTextBox1.Redo();
102  }
```

编写"字体"项的 Click 事件，选择菜单"格式"→"字体"，双击该项，进入 Click 事件处理程序，编写代码如下：

```
103   private void MenuItemFont_Click(object sender, EventArgs e)
104       {
105           fontDialog1.ShowEffects = true;
106           fontDialog1.Font = richTextBox1.SelectionFont;    //设置初始状态
107           if (fontDialog1.ShowDialog() == DialogResult.OK)
108               richTextBox1.SelectionFont = fontDialog1.Font;
109       }
```

编写"颜色"项的 Click 事件，选择菜单"格式"→"颜色"，双击该项，进入 Click 事件处理程序，编写代码如下：

```
110   private void MenuItemColor_Click(object sender, EventArgs e)
111       {
112           if (colorDialog1.ShowDialog() == DialogResult.OK)
113           {
114               richTextBox1.SelectionColor = colorDialog1.Color;
115           }
116       }
```

编写"背景色"项的 Click 事件，选择菜单"格式"→"背景色"，双击该项，进入 Click 事件处理程序，编写代码如下：

```
117   private void MenuItemBackColor_Click(object sender, EventArgs e)
118       {
119           if (colorDialog1.ShowDialog() == DialogResult.OK)
120           {
121               richTextBox1.BackColor = colorDialog1.Color;
122           }
123       }
```

编写"关于记事本"项的 Click 事件，选择菜单"帮助"→"关于记事本"，双击该项，进入 Click 事件处理程序，编写代码如下：

```
124   private void MenuItemAbout_Click(object sender, EventArgs e)
125       {
126           MessageBox.Show("版本号 1.0，本产品符合最终授权","关于记事本");
127       }
```

（4）运行效果。

可以打开一个文件 aa.rtf，如图 7-24 所示，进行各种设置。

图 7-24 打开文件

代码分析

第 3 行设置打开文件对话框的标题。

第 4 行设置打开文件对话框的过滤字符串。

第 5 行设置对话框关闭前还原当前目录。

第 7 行打开文件对话框，并判断是否单击了"确定"按钮。

第 9 行返回在对话框中选取的文件名。

第 10 行如果文件对话框中当前选定筛选器的索引的值为 1（rtf 格式）。

第 12 行文件以 rtf 格式文件方式打开，并将内容显示在 RichTextBox 控件中。

第 16 行文件以文本文件方式打开，并将内容显示在 RichTextBox 控件中。

第 22 行调用 saveFile 方法。

第 26 行把标签中的文件名赋给变量 MyFileName。

第 27 行判断文件名是否为空。

第 29 行调用 saveAs 方法。

第 30 行返回。

第 32 行把文件名转化成大写字母。

第 35 行判断字符串是否以.RTF 结尾。

第 37 行文件以 rtf 格式文件方式将 RichTextBox 控件中写的内容保存。

第 41 行文件以文本文件方式将 RichTextBox 控件中写的内容保存。

第 46 行把异常信息显示在消息框中。

第 51 行调用 saveAs 方法。

第 55 行设置保存文件对话框的过滤字符串。

第 58 行打开保存文件对话框，判断用户是否单击"确定"按钮，并且文件名不为空。

第 62 行如果保存文件对话框中当前选定筛选器的索引的值为 1（rtf 格式）。

第 63 行文件以 rtf 格式文件方式将 RichTextBox 控件中写的内容保存。

第 65 行文件以文本文件方式将 RichTextBox 控件中写的内容保存。

第 69 行把异常信息显示在消息框中。

第 75 行关闭应用程序。
第 79 行判断用户在文本框控件中是否撤销前一操作。
第 80 行撤销文本框中的上一个编辑操作。
第 84 行判断控件是否可以选中。
第 85 行将文本框中当前选中的内容复制到"剪贴板"。
第 90 行将文本框中当前选中的内容移动到"剪贴板"。
第 94 行检索当前位于系统"剪贴板"中的数据。
第 95 行判断剪贴板中存储的数据是否可以转换成文本格式。
第 96 行设置文本框中选定的文本是"剪贴板"中的数据。
第 100 行判断文本框内发生的操作中是否有可以重新应用的操作。
第 101 行重新应用控件中上次撤销的操作。
第 105 行指示字体对话框包含允许用户指定删除线、下划线和文本颜色选项的控件。
第 106 行设置字体对话框的初始值。
第 107 行打开字体对话框并判断是否选择确定按钮。
第 108 行设置文本框选定文本或插入点的字体为对话框中选择的字体。
第 112 行打开颜色对话框并判断是否选择确定按钮。
第 114 行设置文本框选定文本或插入点的颜色为对话框中选择的颜色。
第 121 行设置文本框背景色为对话框中选择的颜色。
第 126 行弹出消息框。

从上面的代码分析可以看到，在应用程序中把用的次数比较多的功能先用一个方法来实现，然后再调用这个方法，达到代码重复使用的目的。例如本例中的 saveFile 方法、saveAs 方法等。另外，本例中使用了许多 Windows 标准对话框来实现相关的功能。下面对实例中用到的对话框、MenuStrip 及 RichTextBox 控件进行详细描述。

相关知识：ColorDialog 组件、SaveFileDialog 组件、FontDialog 组件、MenuStrip 控件、RichTextBox 控件

对话框实际上是一个窗体，大小固定，在对话框中选择的结果可以通过 DialogResult 类返回，将对话框组件添加到窗体后，出现在窗体设计器底部。下面对各种对话框做详细介绍。

1. ColorDialog 组件

ColorDialog（颜色对话框）组件是一个预先配置的对话框，它允许用户从调色板选择颜色及将自定义颜色添加到该调色板。此对话框与 Windows 系统中用到的选择颜色对话框相同。若要显示此对话框，必须调用它的 ShowDialog 方法。

下面详细介绍 ColorDialog 组件的常用属性。

（1）Color 属性：指示对话框中选定的颜色，如果没有选定颜色，则默认值为黑色。该属性可以在属性窗口中直接设置，也可以在代码中设置，如下所示：①

```
colorDialog1.Color = Color.Blue;//表示 ARGB 的颜色
```

边学边做
① 在窗体中添加一个颜色对话框,设置这个对话框弹出时，默认选中的颜色是红

（2）AllowFullOpen 属性：指示用户是否可以使用该对话框定义自定义颜色。如果用户可以自定义颜色，则为 True；否则为 False。如果设置为 False，将禁用对话框中关联的按钮，并且用户无法访问对话框中的自定义颜色控件。默认为 True。

（3）SolidColorOnly 属性：该值指示对话框是否限制用户只选择纯色。如果用户只能选择纯色，则为 True，默认值为 False。

（4）AnyColor 属性：该值指示对话框是否显示基本颜色集中可用的所有颜色。如果对话框显示基本颜色集中可用的所有颜色，则为 True，默认值为 False。

（5）FullOpen 属性：指示用于创建自定义颜色的控件在对话框打开时是否可见。默认值为 False。

在 Task7-3 中颜色对话框的应用代码如下：

```
if (colorDialog1.ShowDialog() = = DialogResult.OK)
{
    richTextBox1.SelectionColor = colorDialog1.Color;
}
```

colorDialog1.ShowDialog()方法将颜色对话框显示出来，用户在对话框中进行操作，如果选定一种颜色后单击"确定"按钮，就将 RichTextBox1 中选定的文本设置成用户选定的颜色，单击"取消"按钮时，颜色不变。②

2. SaveFileDialog 组件

SaveFileDialog（保存文件对话框）组件是一个预先配置的对话框。它与 Windows 使用的标准"保存文件"对话框相同。SaveFileDialog 与 OpenFileDialog 组件的许多属性都是相似的，这里就不再描述了。

在 Task7-3 中，保存文件对话框的应用代码如下：

```
saveFileDialog1.Filter = "RTF 格式文件(*.rtf)|*.rtf|文本文件(*.txt)|*.txt";
string MyFileName = saveFileDialog1.FileName;
if (saveFileDialog1.ShowDialog() = = DialogResult.OK && MyFileName.Trim() != "")
{
    try          // 文件保存可能出错，需要错误捕获
    {
        if (saveFileDialog1.FilterIndex = = 1)
            richTextBox1.SaveFile(MyFileName, RichTextBoxStreamType.RichText);
        else
            richTextBox1.SaveFile(MyFileName,RichTextBoxStreamType.PlainText);
    }
```

色，应该如何设置？请具体操作。
_____
_____
_____

② 在窗体中添加保存文件对话框，观察它所处的位置，如果直接运行窗体，这个对话框会弹出吗？需要加什么代码才能弹出呢？
_____
_____
_____

```
catch (Exception Err)
{
MessageBox.Show("写文本文件发生错误！\n" + Err.Message, "信息提示");
}
}
```

3. FontDialog 组件

FontDialog 组件是一个预先配置的对话框，该对话框是标准的 Windows "字体" 对话框，用于公开系统上当前安装的字体。默认情况下，该对话框显示字体、字体样式和字体大小的列表框，删除线和下划线等效果的复选框，脚本的下拉列表及字体外观的示例。

下面介绍 FontDialog 组件的常用属性。

（1）Color 属性：指示选定字体的颜色。如果没有选定颜色，则默认值为黑色。该属性可以在属性窗口中直接设置，也可以在代码中设置，如下所示：

fontDialog1.Color = System.Drawing.Color.Blue;//表示 ARGB 的颜色

（2）Font 属性：指示选定的字体。

（3）Maxsize 属性：指示用户可选择的最大磅值。

（4）MinSize 属性：指示用户可选择的最小磅值。

（5）ShowApply 属性：指示对话框是否包含 "应用" 按钮。

（6）ShowEffects 属性：指示对话框是否包含允许用户指定删除线、下划线和文本颜色选项的控件。

> 提示：必须事先设置 ShowColor 属性为 True，才能在对话框中显示文本颜色选项的控件。

（7）ShowColor 属性：指示对话框是否显示颜色选择。与 ShowEffects 属性搭配使用。③

边学边做

③ 如果在字体对话框中显示颜色选项，需要设置哪些属性？请操作。

在 Task7-3 中，字体对话框的应用代码如下：

```
private void MenuItemFont_Click(object sender, EventArgs e)
{
    fontDialog1.ShowEffects = true;
    fontDialog1.Font = richTextBox1.SelectionFont;    //设置初始状态
    if (fontDialog1.ShowDialog() == DialogResult.OK)
    richTextBox1.SelectionFont = fontDialog1.Font;
}
```

指示字体对话框包含允许用户指定删除线、下划线和文本颜色选项的控件，fontDialog1.ShowDialog()方法将字体对话框显示出来，如图 7-25 所示。用户在对话框中进行操作，设置字体后单击 "确定" 按钮时，将文本框选定文本或插入点的字体设置为对话框中选择的字体。

图 7-25 打开字体对话框

4. MenuStrip 控件

平时在系统中使用的很多应用程序中都有菜单，通过菜单可以把应用程序的功能进行分组，以方便用户查找和使用。常用的 Word 菜单如图 7-26 所示。

图 7-26 Word 菜单

从图中可以看到，最上面一层是顶层菜单，顶层菜单下的选项是子菜单。.NET 中提供了 MenuStrip 控件，方便用户创建像 Word 文档那样的菜单。在菜单条中可以添加菜单项（MenuItem）、组合框（ComboBox）、文本框（TextBox），如图 7-27 所示。除了像其他控件一样使用操作的方法直接创建菜单外，如 Task7-3，也可以根据需要以编程方式创建。④

边学边做

④ 在窗体中添加一个菜单，在菜单条中添加一个菜单项、一个组合框和一个文本框。

图 7-27　菜单

MenuStrip 控件的常用属性如下。

Items 属性：获取属于菜单的所有项。在菜单编程中，主要有两个对象，分别是 MenuStrip 和 ToolStripMenuItem。MenuStrip 在程序设计中主要表现为菜单容器，ToolStripMenuItem 就是往这个容器中添加的项。⑤

菜单项（MenuItem）的常用属性如下。

（1）BackgroundImage 属性：获取或设置显示在项上的背景图像。

（2）Image 属性：显示在项上的图像。如图 7-28 所示，"保存"一项的左边图像。

（3）ShortcutKeys 属性：与菜单项关联的快捷键。

（4）ShowShortcutKeys 属性：是否在菜单项上显示快捷键。⑥

（5）ToolTipText 属性：鼠标放在菜单项上时显示的提示文本。

⑤ 在菜单编程中，主要使用的对象是哪两个？请简要说明。

⑥ 如果想要设置菜单中某一项的快捷键为 Ctrl+A，并且把它显示出来，需要设置什么属性？请操作验证。

图 7-28　Image 属性

下面介绍 MenuStrip 控件的常用方法。

1）MenuStrip.Items.Add 方法

public int MenuStrip.Items.Add(ToolStripMenuItem value)，向菜单中添加项，返回值为集合中项的索引，item 表示要添加到菜单的项。例如：

MenuStrip menuStrip1 = new MenuStrip();
ToolStripMenuItem MenuItemOpenFile = new ToolStripMenuItem();

menuStrip1.Items.Add(MenuItemOpenFile);
MenuItemOpenFile.Text= "打开";//设置菜单项上显示的文本

2）MenuStrip.Items.AddRange 方法 ⑦

public void MenuStrip.Items.Add (object[] toolStripMenuItems)，向菜单中添加项数组，例如：

ToolStripMenuItem MenuItemOpenFile = new ToolStripMenuItem();
ToolStripMenuItem MenuItemSaveFile = new ToolStripMenuItem();
ToolStripMenuItem [ ]　MyMenuItem = new ToolStripMenuItem[ ]{MenuItemOpenFile，MenuItemSaveFile};
menuStrip1.Items.AddRange(MyMenuItem);
MenuItemOpenFile.Text= "打开";//设置菜单项上显示的文本
MenuItemSaveFile.Text= "保存";

3）MenuStrip.Items.Clear 方法 ⑧
从 MenuStrip 控件中清除所有的项。

4）MenuStrip.Items.Insert 方法 ⑨

边学边做

⑦ 在菜单编程中，加入菜单项的代码如何写？有几种方式？
_____
_____

⑧ 在菜单编程中，清除所有项的代码如何写？
_____
_____

⑨ 在菜单编程中，如果在 0 索引处添加"保存"菜单项，对应的代码如何写？
_____
_____

public void MenuStrip.Items.Insert(int index，ToolStripMenuItem value)，将一项插入集合中指定索引处。参数 index 表示插入项的从零开始的索引位置，参数 value 表示一个 ToolStripMenuItem 对象，它代表要插入的项。

5）MenuStrip.Items.Remove 方法

public void MenuStrip.Items.Remove(ToolStripMenuItem value)，从菜单中移除指定的项。

6）MenuStrip.Items.RemoveAt 方法

public void MenuStrip.Items.Remove (int index)，从菜单中移除指定索引处的项。

图 7-29　运行效果

Click 事件是该控件的默认事件，当单击菜单项时引发此事件。

下面的例子有助于理解如何使用编程方式创建菜单。

【例 7-4】本例以编程的方式创建菜单，这种设计方式更灵活，以满足不同程序设计的需要。单击"创建菜单"按钮时创建菜单。运行效果如图 7-29 所示。实现步骤如下：

（1）打开解决方案"Chapter7"，添加新项目，项目名称为"Exa7-4"。

（2）界面设计，参考图 7-29 设计程序界面，控件的各属性设置见表 7-8。

第 7 章 程序中的控件

表 7-8 控件详细设置

序号	控件类型	主要属性	属性值
1	Form1	Text	动态创建菜单
2	Button	Name	BtnCreate
		Text	创建菜单

（3）编写代码。双击"BtnCreate"按钮，进入 Click 事件处理程序，并编写如下代码：

```
private void BtnCreate_Click(object sender, EventArgs e)
{
    MenuStrip menu1= new MenuStrip();
    ToolStripMenuItem MyFile = new ToolStripMenuItem();
    ToolStripMenuItem MyEdit = new ToolStripMenuItem();
    ToolStripMenuItem MenuItemOpenFile = new ToolStripMenuItem();
    ToolStripMenuItem MenuItemSaveFile = new ToolStripMenuItem();
    ToolStripItem[] item= new ToolStripItem[] {MyFile,MyEdit};
    menu1.Items.AddRange(item);//把两项添加到菜单
    MyFile.Text = "文件";//设置显示文本
    MyEdit.Text = "编辑";//设置显示文本
    MyFile.DropDownItems.AddRange(new ToolStripItem[ ]
    {MenuItemOpenFile,MenuItemSaveFile});
    //在文件菜单的下拉项中添加项目
    MenuItemOpenFile.Text = "打开"; //设置显示文本
    MenuItemSaveFile.Text = "保存"; //设置显示文本
    this.Controls.Add(menu1);      //添加菜单到窗体  ⑩
}
```

边学边做

⑩ 在 Exa7-3 中，this.Controls.Add(menu1); 这行代码起什么作用？如果把这行代码删除，可以吗？运行程序进行测试。
_____
_____
_____

5. RichTextBox 控件

RichTextBox（丰富文本框）控件用于显示、输入和操作带有格式的文本。RichTextBox 控件除了执行 TextBox 控件的所有功能之外，还可以显示字体、颜色和链接，从文件加载文本和嵌入的图像，撤销和重复编辑操作及查找指定的字符，同时还提供打开和保存文件的功能。与字处理应用程序（如 Microsoft Word）类似，RichTextBox 通常用于提供文本操作和显示功能。

下面详细介绍 RichTextBox 控件的常用属性。

（1）CanFocus 属性：指示控件是否可以接收焦点。该属性通常在代码编程中使用。

（2）CanRedo 属性：指示在控件内发生的操作中是否有可以重新应用的操作。如果有已撤销的操作，可以重新应用到控件内容，则为 true；否则为 false。可以使用此属性确定是否可以使用 Redo 方法重新应用 RichTextBox 中的上一撤销操作。该属性通常在代码编程中使用。

（3）CanUndo 属性：指示用户在文本框控件中能否撤销前一操作。该属性通常在代码编程中使用。

（4）SelectedText 属性：用来表示控件内的选定文本。该属性通常在代码编程中使用。

（5）SelectionColor 属性：用来表示当前选定文本或插入点的文本颜色。如果当前选定文本具有多种指定颜色，则此属性返回 Color.Empty；如果当前未选定任何文本，则此属性中指定的文本颜色应用到当前插入点和在此插入点后键入控件中的所有文本；如果控件内已选定文本，则选定文本和在选定文本之后输入的任何文本都将应用此属性值。用代码设置如下：⑪

```
richTextBox1.SelectionColor =Color.Blue;
```

（6）SelectionFont 属性：用来表示当前选定文本或插入点的字体。如果当前选定文本具有多种指定字体，则此属性为空；如果当前未选定任何文本，则此属性中指定的字体应用到当前插入点和在此插入点后键入控件中的所有文本；如果控件内已选定文本，则选定文本和在选定文本之后输入的任何文本都将应用此属性值。可以使用此属性更改 RichTextBox 中的文本字体样式，可以使控件中的文本变成粗体、斜体和带下划线，还可以更改文本的大小和应用到文本的字体。例如，将文本框中选定的文本设置为粗体，大小设置为 20，代码如下：⑫

```
richTextBox1.SelectionFont = new Font(FontFamily.GenericSansSerif, 12.0F, FontStyle.Bold);
```

边学边做

⑪ 对于 RichTextBox 控件，如果设置当前选定文本的颜色是"蓝色"，用代码如何设置？请具体操作。

_____

_____

⑫ 对于 RichTextBox 控件，如果设置当前选定文本的字体是"宋体"，大小是"12px"，"斜体"，用代码如何设置？请具体操作。

_____

_____

_____

（7）SelectionLength 属性：用来表示控件中选定的字符数。

（8）SelectionStart 属性：用来表示文本框中选定的文本起始点。取值为整型，从 0 开始。如果控件中没有选择任何文本，则该属性指示新文本的插入点；如果将此属性设置为超出了控件中文本长度的位置的值，则选定文本的起始位置将放在最后一个字符之后；如果在文本框控件中选择了文本，则更改此属性可能会减小 SelectionLength 属性的值；如果控件中在 SelectionStart 属性所指示的位置之后的剩余文本小于 SelectionLength 属性的值，则 SelectionLength 属性的值会自动减小。该属性的值不会导致 SelectionLength 属性增加。

下面详细介绍 RichTextBox 控件的常用方法。

（1）AppendText 方法：向文本框的当前文本追加文本。

（2）Clear 方法：从文本框控件中清除所有文本。

（3）Copy 方法：将文本框中的当前选定内容复制到"剪贴板"。

（4）Cut 方法：将文本框中的当前选定内容移动到"剪贴板"中。

（5）Find 方法：在控件的内容内搜索文本。

（6）LoadFile 方法：将文件的内容加载到 RichTextBox 控件中。

public void LoadFile(string path,RichTextBoxStreamType fileType)，参数 path 表示要加载到控件中的文件的名称和位置，参数 fileType 表示 RichTextBox StreamType 值之一。RichTextBoxStreamType 具体值如下：

● PlainText：用空格代替对象链接与嵌入（OLE）对象的纯文本流。

● RichNoOleObjs：用空格代替 OLE 对象的丰富文本格式（RTF 格式）流。该值只在用于 RichTextBox 控件的 SaveFile 方法时有效。

● RichText：RTF 格式流。

● TextTextOleObjs：具有 OLE 对象的文本表示形式的纯文本流。该值只在用于 RichTextBox 控件的 SaveFile 方法时有效。

● UnicodePlainText 包含用空格代替对象链接与嵌入（OLE）对象的文本流。该文本采用 Unicode 编码。

在 Task7-3 的具体代码如下：

```
if (openFileDialog1.FilterIndex = = 1)
{      // 如果是*.rtf 格式，则用 RichText（RTF 格式文件）方式打开
    richTextBox1.LoadFile(MyFileName, RichTextBoxStreamType.RichText);
}
else
{      // 如果是其他格式，则用 PlainText（文本文件）方式打开
    richTextBox1.LoadFile(MyFileName, RichTextBoxStreamType.PlainText);
}
```

（7）Paste 方法：将剪贴板的内容粘贴到控件中。

（8）Redo 方法：重新应用控件中上次撤销的操作。

（9）SaveFile 方法：将 RichTextBox 的内容保存到文件。与 LoadFile 方法使用类似。

public void SaveFile (string path)，RichTextBoxStreamType fileType)，参数 path 表示要保存的文件的名称和位置，参数 fileType 表示 RichTextBoxStreamType 值之一。Task7-3 的具体代码如下：

```
if (MyFileName.EndsWith(".RTF"))
{      // 如果是*.rtf 格式，则用 RichText（RTF 格式文件）方式保存
    richTextBox1.SaveFile(MyFileName, RichTextBoxStreamType.RichText);
}
else
{      // 如果是其他格式，则用 PlainText（文本文件）方式保存
    richTextBox1.SaveFile(MyFileName, RichTextBoxStreamType.PlainText);
}
```

（10）Select 方法：选择控件中的文本。

（11）Undo 方法：撤销文本框中的上一个编辑操作。

关键术语

文本编辑器：Text Editor
对话框：Dialog
菜单：Menu

实训项目

1. 使用对话框，制作自我介绍文件。在文本框中输入介绍的内容，可以自己设置字体、颜色，输完后把文件保存成 Word 文件。如图 7-30 所示。

2. 制作如图 7-31 所示的界面，要求单击"文件-打开图片"后弹出一个对话框，选择一张图片后，在下方的 PictureBox 控件中显示已经选择的图片，单击"文件"→"退出"，则退出整个应用程序；单击"帮助"，显示如何操作这个程序的文字描述，可以把信息放在另一个窗体上。

图 7-30　界面效果

图 7-31　界面效果

任务 7-4　制作学生管理系统主窗体

任务分析

当用户通过登录模块验证后，通常要进入应用系统的主界面程序，该界面主要呈现给用户的是允许操作的各个模块，只要轻轻单击鼠标，就可以完成相关的业务了。对于学生管理系统而言，假设通过验证的是管理员，那么应用程序的主界面中应该显示的模块有学生管理、教师管理、专业管理、课程管理、成绩管理、用户管理等，主界面效果如图 7-32 所示。由于涉及的子窗体比较多，这里只介绍学生查询和教师查询两个子窗体的制作及显示，其他子窗体的制作类似。单击相关的菜单会有不同的窗体显示，如图 7-33～图 7-35 所示。

第 7 章 程序中的控件

图 7-32 主窗体

图 7-33 运行效果（1）

图 7-34 运行效果（2）

图 7-35　快捷菜单运行效果

任务实现

（1）打开解决方案"Chapter7"，添加新项目，项目名称为"Task7-4"。

（2）设计界面。按照图 7-32、图 7-33、图 7-34 所示设计界面。主窗体控件属性参考表 7-9，学生查询子窗体的控件属性参考表 7-10，教师查询子窗体的控件属性参考表 7-11。

表 7-9　主窗体控件详细设置

序号	控件类型	主要属性	属 性 值
1	Form1	Name	FrmMain
		Text	学生管理系统主界面
		IsMdiContainer	True
		BackgroundImage	bg.jpg
2	ToolStripMenuItem	Text	学生管理
3	ToolStripMenuItem	Text	教师管理
4	ToolStripMenuItem	Text	专业管理
5	ToolStripMenuItem	Text	课程管理
6	ToolStripMenuItem	Text	成绩管理
7	ToolStripMenuItem	Text	用户管理
8	ToolStripMenuItem	Name	MenuItemStuAdd
		Text	添加学生
9	ToolStripMenuItem	Name	MenuItemStuSearch
		Text	学生查询

续表

序号	控件类型	主要属性	属 性 值
10	ToolStripMenuItem	Name	MenuItemTeaAdd
		Text	添加教师
11	ToolStripMenuItem	Name	MenuItemTeaSearch
		Text	教师查询
12	ToolStripButton	Name	toolStripStudent
		Text	学生查询
		DisplayStyle	ImageAndText
13	ToolStripButton	Name	toolStripTeacher
		Text	教师查询
		DisplayStyle	ImageAndText
14	StatusLabel	Text	用户名：admin
15	StatusLabel	Name	StatusNow
		Text	为空
16	ContextMenuStrip	Text	学生查询、教师查询（在 FrmMain 窗体 ContextMenuStrip 属性中选择这个控件）
17	Timer	Enabled	True
		Interval	1000

表 7-10 学生查询子窗体控件详细设置

序号	控件类型	主要属性	属 性 值
1	Form2	Name	FrmStudent
		Text	Student
		BackColor	LightSteelBlue
2	Label	Text	选择所在系：
3	Label	Text	所在专业
4	Label	Text	姓名
5	Label	Text	学号

表 7-11 教师查询子窗体控件详细设置

序号	控件类型	主要属性	属 性 值
1	Form3	Name	FrmTeacher
		Text	Teacher
		BackColor	LightSteelBlue

续表

序号	控件类型	主要属性	属性值
2	Label	Text	所在系：
3	Label	Text	姓名
4	Label	Text	职称

（3）编写程序代码。

编写"学生查询"的 Click 事件：选择菜单"学生管理"→"学生查询"，双击该项，进入 Click 事件处理程序。编写代码如下：

```
1    private void SearchStudent()
2    {
3        FrmStudent myStudent = new FrmStudent();①
4        for (int x = 0; x < this.MdiChildren.Length; x++)
5        {
6            Form tempChild = (Form)this.MdiChildren[x];
7            tempChild.Close();
8        }
9        myStudent.MdiParent = this; ②
10       myStudent.WindowState = FormWindowState.Maximized;
11       myStudent.Show();
12   }
13   private void MenuItemStuSearch_Click(object sender, EventArgs e)
14   {
15       SearchStudent();
16   }
```

边做边想

① 请思考一下，如果学生窗体的 Name 属性设置为"MyStudent"，则这行代码如何修改？

_____
_____

② 请思考第 9 行代码 myStudent.MdiParent = this; 起到什么作用？

_____
_____

编写工具栏中"学生查询"快捷工具项的 Click 事件：双击"学生查询"工具项进入 Click 事件处理程序。编写代码如下：

```
17   private void toolStripStudent_Click(object sender, EventArgs e)
18   {
19       SearchStudent();
20   }
```

编写"教师查询"的 Click 事件：选择菜单"教师管理"→"教师查询"，双击该项，进入 Click 事件处理程序。编写代码如下：

```
21   private void SearchTeacher()
22   {
```

```
23              FrmTeacher myTeacher = new FrmTeacher();
24              for (int x = 0; x < this.MdiChildren.Length; x++)
25              {
26                  Form tempChild = (Form)this.MdiChildren[x];
27                  tempChild.Close();
28              }
29              myTeacher.MdiParent = this;
30              myTeacher.WindowState = FormWindowState.Maximized;
31              myTeacher.Show();
32          }
33      private void MenuItemTeaSeach_Click(object sender, EventArgs e)
34      {
35              SearchTeacher();
36      }
```

编写工具栏中"教师查询"快捷工具项的 Click 事件:双击"教师查询"工具项进入 Click 事件处理程序。编写代码如下:

③ 在本次任务中用到了状态栏,用来显示时间和用户,如果在主窗体之前有一个登录窗体,成功后进入主窗体,然后在状态栏显示登录的用户,两个窗体之间如何传值?请给出方案。

```
37   private void toolStripTeacher_Click(object sender, EventArgs e)
38   {
39           SearchTeacher();
40   }
```

编写 Timer 组件的 Tick 事件:双击 Timer 组件进入 Tick 事件处理程序。编写代码如下:

④ 在本次任务中,菜单项实现的功能和工具栏上的功能有些是一致的,那么这些代码编写两遍吗?采用什么方式来解决呢?

```
41   private void timer1_Tick(object sender, EventArgs e)
42   {
43   StatusNow.Text = "     当前时间:"+DateTime.Now.ToString();
44   }③④⑤
```

编写快捷菜单"学生查询"的 Click 事件:选中该项,在"属性"窗口中选择 ⚡ 图标,在事件的列表中选中 Click,然后单击右侧的按钮,在下拉列表中选择 MenuItemStuSeach_Click 即可。

⑤ 自己实现这个任务,看看还有没有其他的方法,例如哪些控件或者代码可以用自己的方法替代,然后调试运行,检查其运行效果。

编写快捷菜单"教师查询"的 Click 事件:选中该项,在"属性"窗口中选择 ⚡ 图标,在事件的列表中选中 Click,然后单击右侧的按钮,在下拉列表中选择 MenuItemTeaSeach_Click 即可。

(4)运行程序。

按 F5 键,运行程序,单击"学生查询",运行效果如图 7-33 所示;单击"教师查询",运行效果如图 7-34 所示;在主界面上单击右键,运行效果如图 7-35 所示。

代码分析

第 1 行定义 SearchStudent 方法。

第 3 行创建窗体实例，命名为 myStudent。

第 4 行循环主窗体的所有子窗体。

第 6 行把主窗体中的每个子窗体实例化。

第 7 行关闭子窗体。

第 9 行指定 myStudent 窗体的父窗体是当前窗体。

第 10 行指定窗体的显示状态为最大化窗口。

第 11 行显示窗体。

第 15、19 行调用 SearchStudent 方法。

第 23~32 行与第 1~12 行代码相似。

第 35、39 行调用 SearchTeacher 方法。

第 43 行在状态栏中动态显示当前时间。

从这个实例可以看到，在整个应用程序开发的过程中，多文档界面是必不可少的，它起到了一个桥梁的作用，把每个子窗体都联系在一起。另外，本例中使用的工具栏和状态栏使界面更友好，方便用户操作。

相关知识：多文档界面、工具栏、状态栏、快捷菜单

1. 多文档界面

在 Excel 中，可以同时打开多个 Excel 文档，而不需要打开一个新的 Excel 窗口，这种应用程序叫作多文档界面（MDI）应用程序。MDI 主要由两种窗口组成：父窗口和子窗口。父窗口包含一组子窗口，每个子窗口只能在父窗口内出现，并共享父窗口的菜单栏、工具栏、状态栏等。①

MDI 编程主要就是在主窗体（MdiParent）中创建 MDI 子窗体（MdiChild），在每个子窗体中实现不同的功能，并且能够对这些子窗体实现排列。

下面详细介绍 MDI 窗体的常用属性：

（1）IsMDIContainer 属性：确认窗体是否是 MDI 容器，如果想设置窗体是多文档界面的主窗体，此项设置为"True"。②

（2）MdiParent 属性：获取或设置此窗体的当前多文档界面（MDI）父窗体。在 Task8-4 中的代码如下：

```
FrmStudent myStudent = new FrmStudent();
myStudent.MdiParent = this;
```

（3）MdiChildren 属性：获取窗体的数组。这些窗体表示以此窗体作为父级的多文档界面（MDI）子窗体。

边学边做

① 请打开一个 Excel 窗口，然后打开几个 Excel 文件，MDI 有什么特点？
_____
_____
_____

② 设置一个窗体是多文档窗体，需要设置什么属性？请说明。
_____
_____
_____

2. ToolStrip 控件

使用工具条（ToolStrip）控件可以创建功能强大的工具栏，工具条控件中可以包含按钮（Button）、标签（Label）、文本框（TextBox）、下拉按钮（DropDownButton）、组合框（ComboBox）等，如图 7-36 所示。通常情况下，工具栏包含的按钮和菜单与应用程序菜单结构中的项相对应，以提供对应用程序的常用功能和命令的快速访问。

图 7-36　ToolStrip 控件

下面详细介绍 ToolStrip 控件的常用属性。

（1）GripStyle 属性：这个属性控制着 4 个垂直排列的点是否显示在工具栏的最左边。隐藏栅格后，用户就不能移动工具栏了。具体取值如下。③

- Visible：在工具栏的最左边显示 4 个垂直排列的点。
- Hidden：在工具栏的最左边隐藏 4 个垂直排列的点。

（2）Items 属性：包含工具栏中所有项的集合。

（3）ShowItemToolTips 属性：确定是否显示工具栏上某项的工具提示，默认为 True。

（4）Stretch 属性：默认情况下，工具栏比包含在其中的项略宽或略高。如果把 Stretch 属性设置为 true，工具栏就会占据其容器的总长。

下面详细介绍 ToolStrip 控件的项。④

在 ToolStrip 中可以使用许多控件。前面提到，工具栏应能包含按钮、下拉菜单和分隔符。除了这些之外，工具栏还可以包含其他控件，具体如下：

（1）ToolStripButton：这个控件表示一个按钮，用于带文本和不带文本的按钮。这个控件的主要属性如下。

- DisplayStyle 属性：指定工具项是否显示文本和图像。
- Image 属性：显示在项上的图像。
- ToolTipText 属性：鼠标单击工具项时的提示文本。例如设置该属性为"单击执行查询的操作"，如图 7-37 所示。

边学边做

③ 在窗体中添加一个工具条，设置这个工具条允许用户进行移动，请操作。
_____
_____
_____

④ 观察工具条里的选项，列出可以使用哪些控件。
_____
_____
_____

图 7-37　ToolTipText 属性

（2）ToolStripLabel：这个控件表示一个标签。这个控件还可以显示图像，也就是说，这个控件可以用于显示一个静态图像，放在不显示其本身信息的另一个控件上面，例如文本框或组合框。

（3）ToolStripSplitButton：这个控件显示一个右端带有下拉按钮的按钮，单击该下拉按钮，就会在它的下面显示一个菜单。如果单击控件的按钮部分，该菜单不会打开。

（4）ToolStripDropDownButton：这个控件非常类似于 ToolStripSplitButton，唯一的区别是去除了下拉按钮，代之以下拉数组图像。单击控件的任一部分，都会打开其菜单部分。

（5）ToolStripComboBox：这个控件显示一个组合框。

（6）ToolStripProgressBar：这个项可以在工具栏上嵌入一个进度条。

（7）ToolStripTextBox：这个控件显示一个文本框。

（8）ToolStripSeparator：它为各个项创建水平或垂直分隔符。

3．StatusStrip 控件

状态条（StatusStrip）常常放在窗体的底部，用来显示一些基本信息。在状态条控件中包含有 StatusLabel 控件，用于显示指示状态的文本或图标，有 ProgressBar 控件，用于用图形显示进程完成状态，有 DropDownButton 控件和 SplitButton 控件，具体如图 7-38 所示。⑤

边学边做

⑤ 向窗体中添加一个状态条，观察它所处的位置，并说明在状态条中可以添加什么控件。
_____
_____
_____

图 7-38　StatusStrip 控件

下面详细介绍 StatusStrip 控件的常用属性。

（1）Items 属性：显示项的集合。单击右侧按钮，弹出如图 7-39 所示对话框，可以进行添加、删除、移动等相关的操作。

（2）Stretch 属性：指示该控件是否在漂浮容器中从一端拉伸到另一端。默认值为 True。

4．ContextMenuStrip 控件

在用户单击鼠标右键时，快捷菜单（也称为上下文菜单）会出现在鼠标位置。快捷菜单在鼠标指针位置提供了工作区或控件的选项。ContextMenuStrip 控件可以与 ToolStrip 及相关控件结合使用，也可以很容易地将 ContextMenuStrip 与其他控件关联。⑥⑦

⑥ 通常情况下，ContextMenuStrip 控件与什么控件结合使用？
_____
_____

⑦ 如果要为一个窗体设置快捷菜单，需要用到该窗体的什么属性？
_____
_____

第 7 章 程序中的控件

图 7-39 项集合编辑器

ContextMenuStrip 与 MenuStrip 非常相似，如图 7-40 所示，其菜单项与 MenuStrip 的菜单项完全相同，通常用于组合来自 MenuStrip 的不同菜单项，便于用户在给定应用程序中使用，还可以在快捷菜单中显示没有的项目。其属性与 MenuStrip 的类似，这里就不详细描述了。

图 7-40 ContextMenuStrip 控件

关键术语

多文档界面：MDI
父窗体：Parent Form
子窗体：Child Form
工具栏：Toolbar
快捷菜单：Context Menu

实训项目

1. 创建一个带有 Word 标准工具条的窗体。其中的按钮包括新建、打开、保存、打印、剪切、复制，图片可以自己设定。

2. 设计如图 7-41 所示的主窗体，单击菜单中的某一项时，显示相应的子窗体，子窗体的内容依据具体情况自定。

图 7-41　界面效果

第 8 章　Windows 窗体应用程序开发实例

系统分析

本章以"学生选课系统"为例,来体验一下 Windows 窗体类型的应用程序的开发过程。"学生选课系统"能够实现学生注册、登录、选课等,其主要功能如下。

(1) 系统管理功能:包括学生登录、学生注销、退出系统等。

(2) 学籍管理功能:包括新生注册和修改信息。

(3) 选课管理功能:包括课程列表和我的课程。

该系统设计总体目标为:

(1) 系统应具有很强的可行性,可以对登录的学生信息进行校验;学生可以对数据进行修改,可以浏览全院选修课程,可以选课。

(2) 系统中的模块具有很强的可续性,可以方便招生工作人员的修改与维护。

(3) 操作方便、灵活、简单。

系统实现

本系统的主界面设计如图 8-1 所示。

图 8-1　学生选课系统主界面设计

1. 登录窗体的实现

（1）界面设计。登录窗体的界面如图 8-2 所示。

图 8-2　登录窗体的界面

（2）编写代码。双击登录窗体的"确定"按钮，编写代码如下：

```csharp
private void btnOK_Click(object sender, EventArgs e)
{
    if (this.txtStuNum.Text.Trim() == "")
    {
        MessageBox.Show("请输入您的学号", "错误提示：", MessageBoxButtons.OK, MessageBoxIcon.Warning);
    }
    else if (this.txtStuPassword.Text.Trim() == "")
    {
        MessageBox.Show("请输入您的密码", "错误提示：", MessageBoxButtons.OK, MessageBoxIcon.Warning);
    }
    else
    {
        if (this.txtStuNum.Text == "wl123101" && this.txtStuPassword.Text=="12345")
        {
            GlobalInfo.StuName = txtStuNum.Text;
            GlobalInfo.StuID = this.txtStuNum.Text;
            GlobalInfo.IsLogin = true;
```

```
                    this.Dispose();
                }
                else
                {
                    MessageBox.Show("用户名或者密码错误,请重新输入。","错误提示: ");
                }
            }
        }
```

双击登录窗体的"取消"按钮,编写代码如下:
```
private void btnCancel_Click(object sender, EventArgs e)
        {
            this.txtStuNum.Text = "";
            this.txtStuPassword.Text = "";
        }
```

2. 新生注册窗体的实现

(1) 界面设计。登录窗体的界面如图 8-3 所示。

图 8-3　登录窗体的界面

(2) 编写代码。双击注册窗体的"提交注册"按钮,编写代码如下:
```
private void btnOK_Click(object sender, EventArgs e)
        {
            if (this.txtStuName.Text == "")
```

```csharp
{
    AlertMessage("请输入姓名");
    this.txtStuName.Focus();
}
else if (this.txtStuNum.Text == "")
{
    AlertMessage("请输入学号");
    this.txtStuNum.Focus();
}
else if (this.cmbSex.SelectedItem.ToString() == "")
{
    AlertMessage("请选择性别");
    this.cmbSex.Focus();
}
else if (this.cmbParty.SelectedItem.ToString() == "")
{
    AlertMessage("请选择政治面貌");
    this.cmbParty.Focus();
}
else if (this.txtPhone.Text == "")
{
    AlertMessage("请输入电话号码");
    this.txtPhone.Focus();
}
else if (this.txtHome.Text == "")
{
    AlertMessage("请输入家庭住址");
    this.txtHome.Focus();
}
else if (this.cmbRace.Text.ToString() == "")
{
    AlertMessage("请输入民族");
    this.cmbRace.Focus();
}
else if (this.txtMajor.Text == "")
{
    AlertMessage("请选择专业");
    this.txtMajor.Focus();
```

```csharp
            }
            else if (this.txtPassword.Text.Trim() == "")
            {
                AlertMessage("请输入密码");
                this.txtPassword.Focus();
            }
            else if (this.txtPassword.Text != this.txtCfmPassword.Text)
            {
                AlertMessage("两次输入的密码不匹配,请查实后重试");
                this.txtCfmPassword.Focus();
            }
            else
            {
                MessageBox.Show("注册成功! ");
            }
        }
```

双击注册窗体的"重新填写"按钮,编写代码如下:

```csharp
private void btnCancel_Click(object sender, EventArgs e)
{
    this.txtCfmPassword.Text = "";
    this.txtDesc.Text = "";
    this.txtHome.Text = "";
    this.txtMajor.Text = "";
    this.txtPassword.Text = "";
    this.txtPhone.Text = "";
    this.txtStuName.Text = "";
    this.txtStuNum.Text = "";
    this.cmbParty.Text = "";
    this.cmbRace.Text = "";
    this.cmbSex.Text = "";
    this.dtpBirthday.Text = "";
    this.dtpEnrolDate.Text = "";
    this.dtpGraduDate.Text = "";
}
```

3. 修改信息窗体的实现

(1) 界面设计。修改信息窗体的界面如图 8-4 所示。

图 8-4 修改信息窗体的界面

（2）编写代码。双击修改信息窗体，编写代码如下：

```
private void ModifyInfoForm_Load(object sender, EventArgs e)
    {
        InitialData();
    }
private void InitialData()
    {
        //将信息绑定到具体控件
        this.txtDesc.Text ="无";
        this.txtHome.Text ="大连市金州区城南路 15 号";
        this.txtMajor.Text ="计算机网络技术";
        this.txtStuName.Text ="刘红涛";
        this.txtStuNum.Text = GlobalInfo.StuName;
        this.cmbParty.Text ="团员";
        this.cmbRace.Text = "汉";
        this.cmbSex.Text = "男";
        this.dtpBirthday.Text = "1990-2-6";
        this.dtpEnrolDate.Text = "2012 年 9 月 1 日";

    }
```

双击"提交修改"按钮，编写代码如下：

```csharp
private void btnOK_Click(object sender, EventArgs e)
{
    if (this.cmbSex.SelectedItem.ToString() == "")
    {
        AlertMessage("请选择性别");
        this.cmbSex.Focus();
    }
    else if (this.cmbParty.SelectedItem.ToString() == "")
    {
        AlertMessage("请选择政治面貌");
        this.cmbParty.Focus();
    }

    else if (this.txtHome.Text == "")
    {
        AlertMessage("请输入家庭住址");
        this.txtHome.Focus();
    }
    else if (this.cmbRace.Text.ToString() == "")
    {
        AlertMessage("请输入民族");
        this.cmbRace.Focus();
    }
    else if (this.txtMajor.Text == "")
    {
        AlertMessage("请选择专业");
        this.txtMajor.Focus();
    }
    else if (this.txtPassword.Text.Trim() == "")
    {
        AlertMessage("请输入密码");
        this.txtPassword.Focus();
    }
    else if (this.txtPassword.Text != this.txtCfmPassword.Text)
    {
        AlertMessage("两次输入的密码不匹配，请查实后重试");
        this.txtCfmPassword.Focus();
    }
```

```
        else
        {
            MessageBox.Show("修改信息成功！");
        }
    }
```

4. 课程列表窗体的实现

（1）界面设计。课程列表窗体的界面如图 8-5 所示。

图 8-5　课程列表窗体的界面

（2）编写代码。双击课程列表窗体，编写代码如下：

```
private void AllCourseForm_Load(object sender, EventArgs e)
{
    ListViewItem nn1 = new ListViewItem();
    nn1.SubItems[0].Text = "C#程序设计";
    nn1.SubItems.Add("001");
    nn1.SubItems.Add("李颖");
    nn1.SubItems.Add("3603");
    listView1.Items.Add(nn1);
    ListViewItem nn2 = new ListViewItem();
    nn2.SubItems[0].Text = "C 语言程序设计";
    nn2.SubItems.Add("002");
    nn2.SubItems.Add("刘晓丽");
    nn2.SubItems.Add("3603");
```

```
listView1.Items.Add(nn2);
ListViewItem nn3 = new ListViewItem();
nn3.SubItems[0].Text = "flash 动画设计";
nn3.SubItems.Add("003");
nn3.SubItems.Add("李颖");
nn3.SubItems.Add("3603");
listView1.Items.Add(nn3);
ListViewItem nn4 = new ListViewItem();
nn4.SubItems[0].Text = "图形图像处理";
nn4.SubItems.Add("004");
nn4.SubItems.Add("王海宇");
nn4.SubItems.Add("3604");
listView1.Items.Add(nn4);
ListViewItem nn5 = new ListViewItem();
nn5.SubItems[0].Text = "数据库操作";
nn5.SubItems.Add("005");
nn5.SubItems.Add("凌晨");
nn5.SubItems.Add("主 415");
listView1.Items.Add(nn5);
ListViewItem nn6 = new ListViewItem();
nn6.SubItems[0].Text = "网页设计与中作";
nn6.SubItems.Add("006");
nn6.SubItems.Add("李元青");
nn6.SubItems.Add("3606");
listView1.Items.Add(nn6);
ListViewItem nn7 = new ListViewItem();
nn7.SubItems[0].Text = "室内设计";
nn7.SubItems.Add("007");
nn7.SubItems.Add("吴争");
nn7.SubItems.Add("3603");
listView1.Items.Add(nn7);
ListViewItem nn8 = new ListViewItem();
nn8.SubItems[0].Text = "影视欣赏";
nn8.SubItems.Add("008");
nn8.SubItems.Add("胡玉");
nn8.SubItems.Add("3608");
listView1.Items.Add(nn8);
ListViewItem nn9 = new ListViewItem();
```

nn9.SubItems[0].Text = "音乐欣赏";

nn9.SubItems.Add("009");

nn9.SubItems.Add("张颖");

nn9.SubItems.Add("3603");

listView1.Items.Add(nn9);

ListViewItem nn11 = new ListViewItem();

nn11.SubItems[0].Text = "书法";

nn11.SubItems.Add("010");

nn11.SubItems.Add("刘海");

nn11.SubItems.Add("3606");

listView1.Items.Add(nn11);

}

5. 所选课程列表窗体的实现

（1）界面设计。所选课程列表窗体的界面如图 8-6 所示。

图 8-6　所选课程列表窗体的界面

（2）编写代码。双击所选课程列表窗体，编写代码如下：

private void SelectedCourseForm_Load(object sender, EventArgs e)

{

ListViewItem nn7 = new ListViewItem();

nn7.SubItems[0].Text = "室内设计";

nn7.SubItems.Add("007");

nn7.SubItems.Add("吴争");

```csharp
            nn7.SubItems.Add("3603");
            listView1.Items.Add(nn7);
            ListViewItem nn8 = new ListViewItem();
            nn8.SubItems[0].Text = "影视欣赏";
            nn8.SubItems.Add("008");
            nn8.SubItems.Add("胡玉");
            nn8.SubItems.Add("3608");
            listView1.Items.Add(nn8);
            ListViewItem nn11 = new ListViewItem();
            nn11.SubItems[0].Text = "书法";
            nn11.SubItems.Add("010");
            nn11.SubItems.Add("刘海");
            nn11.SubItems.Add("3606");
            listView1.Items.Add(nn11);
        }
```

参 考 文 献

[1] 张晓蕾. C#程序设计实用教程［M］. 北京：人民邮电出版社，2008.
[2] 陈广. C#程序设计基础［M］. 北京：北京大学出版社，2008.
[3] 黄振业. Visual C# 2005 程序设计项目化教程［M］. 北京：高等教育出版社，2009.
[4] 佟伟光. Visual Basic.NET 实用教程［M］. 北京：电子工业出版社，2007.
[5] 童爱红，刘凯，刘雪梅. VB.NET 程序设计实用教程［M］. 北京：清华大学出版社，2008.
[6] 游祖元. C#案例教程［M］. 北京：电子工业出版社，2008.
[7] 段德亮，余建，张仁才. C#课程设计案例精编［M］. 北京：清华大学出版社，2008.
[8] 郑阿奇，梁敬东. C#程序设计教程［M］. 北京：机械工业出版社，2008.
[9] 万科，覃剑. Visual C#.NET 程序设计基础与上机指导［M］. 北京：清华大学出版社，2007.
[10] 刘甫迎，刘光会，王蓉，蒋建强. C#程序设计教程［M］. 北京：电子工业出版社，2008.
[11] 魏峥，王军，崔同良. ADO.NET 程序设计教程与实验［M］. 北京：清华大学出版社，2005.
[12] 王小科，吕双. C#从入门到精通［M］. 北京：清华大学出版社，2008.
[13] 郑宇军. C#面向对象程序设计［M］. 北京：人民邮电出版社，2009.
[14] Christian Nagel，李铭. C#高级编程［M］. 北京：清华大学出版社，2008.